Freude aus Sehen und Verstehen
ist das schönste Geschenk der Natur.

ALBERT EINSTEIN

Dieses Buch ist meiner Familie gewidmet!
In Liebe und Dankbarkeit
für Susi, Lisa, Julia und Luis.

Norbert Wimmer

Faszination
WALD
verstehen und erleben

... mit vielen Tipps
für Familien-Expeditionen
und EXTRA Bestimmungs-Büchlein!

Inhalt

Frühling

Der Wald beginnt zu atmen	15
Kahle Bäume – Bunte Blüten	16
Der Zug der Kröten und Frösche	29
Die Sprache der Waldbewohner	35
Von Höhlen, Nischen und Nestern	41
Das Leben einer Buche	48

Sommer

Das Leben pulsiert	59
Licht und Schatten	60
Die Vielfalt der Bäume	65
Kinderstube Wald – Neues Leben überall	73
Jäger im Dunkel des Waldes	79
Ein Leben in der Vertikalen	82
Der gefiederte Vogelschreck	88
Wald und Wasser – eine fruchtbare Verbindung	92
Heimliche Fischer am Waldbach	100
Legionen in der Tiefe des Waldes	105
Sie tarnen, warnen und täuschen	115
Brummende Jäger im lichten Wald	119
Von Räubern, Viehzüchtern und Sklavenhaltern	122

Inhalt

Herbst

Die Zeit der Veränderung	129
Im Reich der Springschwänze, Saftkugler und Pseudoskorpione	130
Von tierischen Förstern und nächtlichen Dieben	137
Nachts im Wald	143

Winter

Das Leben geht weiter	151
Die Kunst des Überlebens	152
Fährten im Schnee	159
Das Phantom des Waldes	164
Die Rückkehr der Jäger	169
Die Zukunft unserer Wälder	173

Expeditionen

Wald erleben – aber wie?	180
Ein Jahr im Wald	184
Anhang	222

Vorwort

Alte Laubwälder mit ihren urwüchsigen Bäumen sind Orte, wo das Leben in einer unüberschaubaren Vielfalt pulsiert. Man spürt dieses Leben nahezu instinktiv, wenn man sich vom wechselnden Farb- und Lichtspiel im Lauf der Jahreszeiten verzaubern lässt und die unterschiedlichen Geräusche und Gerüche in sich aufnimmt.

Viele Tiere des Waldes sind leider scheu und meiden den Menschen, andere sind nachtaktiv oder sehr selten. Deshalb passiert es, dass man bei einem Waldspaziergang oft nur wenige Vögel erspäht, obwohl der Lebensraum Wald unser artenreichstes Ökosystem ist. Wenn man jedoch näher mit den Einzelheiten, den Abläufen und Gesetzmäßigkeiten des Waldes vertraut ist, verändert sich auch die eigene Wahrnehmung: Man wird automatisch aufmerksamer und entdeckt plötzlich überall „Spannendes". Um einen Eindruck von der faszinierenden Vielfalt in Flora und Fauna zu erhalten, werden im ersten Teil dieses Buches viele charakteristische Tiere und Pflanzen des Waldes vorgestellt. Dies geschieht jedoch nicht durch klassisches Auflisten der Arten, etwa streng nach Verwandtschaft sortiert, sondern durch die Schilderung besonders interessanter Beziehungen im Wandel der Jahreszeiten. Da bietet es sich beispielsweise an, die Zusammenhänge zwischen Frühblühern, Ameisen und Schnecken vorzustellen oder imaginäre Zeitreisen in einem Buchenwald zu unternehmen.

Alleinige Artenkenntnis bringt, wie sich immer wieder zeigt, noch lange keine gesamtheitliche Sicht der Natur mit sich, sondern verursacht eher ein oftmals sehr einseitiges Bild vom Wald und seinen Bewohnern. Bringt man dagegen einzelne Arten in Beziehung zueinander und schildert ihre einzigartigen Fähigkeiten sowie ihre Stellung und Abhängigkeiten im Ökosystem Wald, dann entstehen für den Leser emotionale Eindrücke, die im Gedächtnis haften bleiben. Gerade Kinder erschließen sich auf diese Weise die „Geheimnisse" der

Knorrige Linde

Vorwort

Quellbach im Laubwald

Natur. Durch dieses vernetzte Denken bildet sich die Artenkenntnis oftmals ganz nebenbei aus und ist nicht Selbstzweck, sondern Grundlage für das Verstehen komplexer Zusammenhänge.

Kreisläufen in der Natur kann man sich auf ganz unterschiedliche Weise nähern. Es hängt eben immer davon ab, an welcher Stelle man in einen Kreislauf einsteigt bzw. welcher Richtung man einer stark verzweigten Nahrungskette folgt. Manche Tierarten, wie der Schwarzspecht, sind ganz markante Schlüsselarten im Wald, die auch dem Autor besonders ans Herz gewachsen sind.

Rotkehlchen im Morgenlicht

Sie sollen dem Leser zu guten Bekannten werden und ihn durch das Buch begleiten.

Neue Fragen werden immer wieder auftauchen, die – einmal beantwortet – in das bereits vorhandene Wissen eingefügt werden können. Wer sich intensiv mit dem Thema Wald beschäftigt, erkennt früher oder später, dass es unmöglich ist, alles über das Ökosystem Wald in seiner immensen Vielfalt auch nur annähernd zu verstehen. Aber ist es andererseits nicht beruhigend, dass immer wieder neue Erkenntnisse und Herausforderungen vor unserer Haustüre auf uns warten? Kein Waldbesuch gleicht dem anderen! Lichtstimmungen, winzige Details, wie unterschiedliche Geräusche und unbekannte Laute, machen jede Exkursion zu einem einmaligen Erlebnis.

Artenreiche Wälder findet man nicht nur in Naturschutzgebieten oder Nationalparks, wie vielfach angenommen wird. Die relativ artenarmen Nadelwälder sind bei uns zwar in der Überzahl, doch existieren in einigen Stadt- oder Schlossparks, aber auch in Waldgebieten, mehr oder weniger große Laub- und Mischwälder mit altem

Vorwort

Morgenstimmung auf einer Waldlichtung

Waldbach im Frühjahr mit blühender Pestwurz

Vorwort

Baumbestand, in denen ohne weiteres einige Bilder aus diesem Buch entstanden sein könnten.

Praktische Tipps und Vorschläge für Unternehmungen sind das Thema im zweiten Teil dieses Buches. Sie sollen jeden Streifzug durch den Wald zu einem kleinen Abenteuer werden lassen. Selbst Themen wie Zecken und Fuchsbandwurm kommen zur Sprache, da viele Eltern durch Darstellungen in den Medien so stark verunsichert sind, dass sie den Wald aus Angst vor Krankheiten regelrecht meiden. Unter anderem werden Fertigkeiten wie Spurenlesen, die Orientierung mit Karte und Kompass oder der richtige Umgang mit einem Messer vermittelt. Sie lassen sich gerade im Rahmen einer Waldwanderung hervorragend üben.

Wälder sind ideale Erlebnisräume für unsere Kinder, denn dort erfahren sie sich und ihre Umwelt mit allen Sinnen. Weder Fernsehen noch Freizeitparks können dafür ein gleichwertiger Ersatz sein. Manche Ergotherapie würde wohl mit regelmäßigen Besuchen und Aktivitäten im Wald ziemlich schnell überflüssig: Einen kleinen Bach auf wackeligen Steinen zu überqueren, auf Baumstämmen zu balancieren und Wasser aus einer Quelle zu trinken, sind elementare Erfahrungen, die die Motorik von Kindern fördern und ihnen Selbstvertrauen geben. Streifzüge durch den Wald zu unternehmen, die das Interesse für die heimische Natur aufleben lassen, setzen natürlich ein gewisses Engagement seitens der Eltern voraus. Der kindliche Wissensdurst sowie die vielen kleinen Abenteuer und Entdeckungen entschädigen für diese Mühen aber bei Weitem! Wenn dieses Buch dazu beiträgt, die Neugier auf den Wald zu wecken und dazu anregt, ihn selbst zu erforschen, hat es seinen Zweck voll und ganz erfüllt. ■

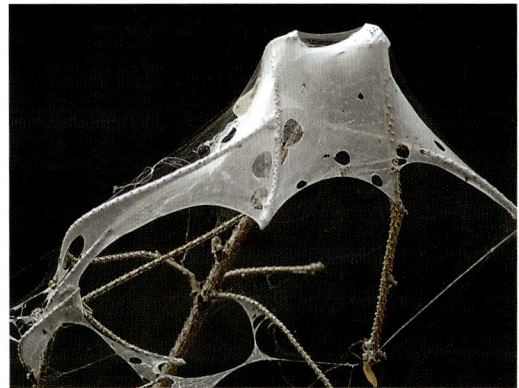

Wunderwelt Wald – diesen Baldachin haben sich Zwergspinnen als Unterkunft gebaut.

Frühling

Der Wald beginnt zu atmen

Laubwald im Vorfrühling – die Blätter der Frühblüher überziehen den Waldboden bereits mit einem grünen Teppich. In wenigen Tagen wird der Waldboden mit bunten Blüten übersät sein.

Frühling

Der Wald beginnt zu atmen

Bäume leben und atmen auch im Winter, wenngleich sie zu dieser Jahreszeit alle Lebensfunktionen auf ein Minimum reduzieren. Im Frühjahr treffen sie dann erste Vorbereitungen, um ihr Wachstum wieder aufzunehmen. Nadelbäume, mit Ausnahme der Lärche, können dies relativ einfach, da sie ihre besonders gegen Frost und Austrocknung geschützten Blätter – die Nadeln – nicht abwerfen und somit bei ausreichendem Licht und Bodenwärme unverzüglich mit der Fotosynthese beginnen können.

Laubbäume entfalten dagegen zunächst einmal ihre neuen Blätter, die den Winter gut geschützt in den Knospen überdauert haben. Erst dann können sie weiterwachsen, Blüten und Samen bilden. Eigentlich wäre es naheliegend zu glauben, dass unsere Laubbäume bereits zeitig im Frühjahr austreiben müssten, um möglichst viel Zeit für die „Neuproduktion" zu haben. Doch das frische Grün ist äußerst frostempfindlich. Daher warten die Laubbäume so lange mit dem Austreiben der Blätter, bis die Wahrscheinlichkeit von Minusgraden sehr gering ist. Erst dann setzen sie den Wasserfluss von den Wurzeln über den Stamm zu den Blättern in Gang. Nun kann der für das Leben auf unserer Erde so elementare Vorgang der Fotosynthese beginnen.

Viele Tiere nutzen die ersten warmen Tage zur Nahrungssuche und bereiten sich für die Aufzucht ihrer Jungen vor. Bei warmem Wetter sind nun zahlreiche Tiere aktiv und auch der Wald verändert Tag für Tag sein Erscheinungsbild. Für den aufmerksamen Naturbeobachter beginnt jetzt eine aufregende Zeit.

Die Blütenpracht des Seidelbastes

Kahle Bäume – Bunte Blüten

„**Blumen sind Hieroglyphen der Natur**, mit denen sie uns andeutet, wie lieb sie uns hat." Johann Wolfgang von Goethe. Dieser Ausspruch des großen Dichters trifft vielleicht ganz besonders auf die Frühblüher in unseren Wäldern zu. Wenn sie sich im zeitigen Frühjahr, gleich leuchtenden Farbtupfern, durch das braune Laub des Vorjahres schieben, erfreuen sie das Gemüt der Waldbesucher. Das erste Leberblümchen mit seinem unvergleichlichen Blau oder die leuchtend gelben Blüten des Huflattichs lassen lichtarme Wintertage vergessen und sind Vorboten opulenten Wachstums. Der giftige Märzenbecher ist einer unserer schönsten Frühblüher. Er erscheint schon nach wenigen warmen Vorfrühlingstagen und wächst oft großflächig in feuchten, lichten Laubwäldern, wenngleich er insgesamt sehr selten und deshalb streng geschützt ist.

Beginnende Blüte des Märzenbecher.

Das filigrane Buschwindröschen entdeckt man häufiger im Frühjahrswald. Mit seinen weißen Blüten bildet es auf humusreichen Böden große Blütenteppiche. Sein anmutiger, wohlklingender Name lässt nicht vermuten, dass es die für den Menschen in größeren Mengen tödlich wirkenden Gifte Anemonin und Protoanemonin enthält. Die

---
Frühblüher sind meist giftig, um sich vor Pflanzenfressern zu schützen.

Namen anderer Frühblüher, wie Leberblümchen oder Lungenkraut, weisen auf ihre Heilwirkung hin. In niedriger Konzentration lassen sich die giftigen Inhaltsstoffe der Pflanzen zur Herstellung von Kräutertees und Arzneien verwenden. Diese waren in früheren Zeiten, als noch nicht auf künstlich hergestellte Substanzen zurückgegriffen werden konnte, von enormer Bedeutung.

Frühling

Die Blüte des Märzenbechers eröffnet den Reigen der Frühblüher. Besonders üppig blüht er in sehr lichten Laubwäldern.

Blühende Buschwindröschen und Schlüsselblumen in einem Eichenwald

Frühling

Wenn der tropische Regenwald heute aufgrund zahlreicher bereits entdeckter und noch vermuteter Arzneipflanzen mit einer natürlichen Apotheke verglichen wird, so sollte man nicht vergessen, dass auch in unseren Wäldern eine Vielzahl von Heilpflanzen existiert – die meisten darunter sind leider in Vergessenheit geraten.

Dass Frühblüher als Arzneipflanzen besonders geschätzt wurden, ist kein Zufall. Ihre giftigen Bestandteile, die in richtiger Dosierung heilend wirken können, sind ein effektiver Schutz gegen den Heißhunger des Wildes. Nach den entbehrungsreichen Wintermonaten sind Reh und Hirsch „ganz wild" auf jedes frische Grün. Durch die eingelagerten Giftstoffe sind die Frühblüher zumindest zeitweise bzw. in größeren Mengen ungenießbar. Ohne diesen „Fraßschutz" wären die meisten „Frühlingsboten" vermutlich schon lange ausgestorben.

Man möchte meinen, dass es für die Pflanzen besser wäre, mit dem Wachsen und Blühen zu warten, um dieser Gefahr zu entgehen. Dann könnten aber die optimalen Lichtverhältnisse, wie sie vor dem Blattaustrieb der Bäume im Frühjahrswald bestehen, nicht genutzt werden. Um möglichst rasch gedeihen zu können, haben die Frühblüher im Vorjahr „Reservestoffe" in ihren Wurzeln einge-

---

Es gibt unter den Frühblühern viele Heilpflanzen.

---

lagert. Manche besitzen dafür spezielle Speicherorgane, wie Zwiebeln oder Knollen. Damit können die Frühblüher sehr schnell Blätter und Blüten ausbilden und ausreichend Reservestoffe für das folgende Frühjahr speichern.

Blüten des Buschwindröschens

Mit ihrem kurzen Saugrüssel kann die Hummel nicht auf normalen Weg an den Nektar der Lerchenspornblüte gelangen. Deshalb beißt sie die Blüten von hinten auf und gelangt so an die süße Speise.

Frühling

» Die Blüten des Seidelbasts verströmen einen süßen Duft.

» » Leberblümchen blühen nur etwa eine Woche lang.

Ein ähnliches „Vorsorgeprinzip" wenden auch die Bäume an, indem sie ihre Blätter in Form von Knospen bereits im vorausgegangenen Sommer angelegt haben. Sie können aber aufgrund ihrer Größe nur wesentlich langsamer reagieren als die Frühjahrsblumen, die einen zusätzlichen Vorteil haben, weil sie in der obersten Bodenschicht wurzeln. Diese taut als Erste auf und erwärmt sich am schnellsten.

Das Licht der Frühlingssonne, das noch ungehindert auf den Waldboden gelangen kann, nutzt auch der Seidelbast. Der Strauch beginnt oft schon im Februar zu blühen. Die auffallenden violetten Blüten verströmen einen angenehm süßen Duft. Allerdings enthalten alle Teile des Seidelbasts das für den Menschen stark giftige Mezerin, dem nach neuesten Forschungen sogar eine krebshemmende Wirkung zugeschrieben wird.

Während heute die Frühblüher vor allem unser Auge erfreuen, wurden manche dieser Pflanzen in früheren Zeiten auch regelmäßig gegessen. So enthält das weit verbreitete Scharbockskraut in seinen Blättern reichlich Vitamin C und wurde zur Vorbeugung gegen Skorbut (= Scharbock) eingenommen. Diese Verwendung hat dem Kraut zu sei-

---

Das Scharbockskraut war früher eine wichtige Vitaminquelle.

---

nem Namen verholfen. Für diese Nutzung müssen die Blätter jedoch vor dem Erscheinen der Blüten gesammelt werden, weil später in allen Teilen der Pflanze das Gift Protoanemonin gebildet wird. Der von April bis Juni meist in üppigen Beständen blühende Bärlauch erfährt als gesundheitsfördernde

» Aufgeschnittene Blüte des Aronstabes

«« Blüte des Aronstabes

Delikatesse gerade eine „Renaissance" in der Küche und wird deshalb wieder eifrig gesammelt.

Für Bienen und Hummeln dagegen sind Pollen und Nektar der Frühjahrsblüher sowie der Weidenkätzchen seit eh und je die erste Nahrung nach ihrer Winterruhe. Ihr zeitlich genau abgestimmtes Erscheinen und ihr eifriges Sammeln lassen uns in jedem Frühjahr wieder aufs Neue die engen und vielfältigen Vernetzungen im Naturgefüge erahnen. Oft spielen sich diese Wechselbeziehungen im Verborgenen ab. Der unauffällig blühende Aronstab weist einen äußerst raffinierten Bestäubungsmechanismus auf, der in unseren Breiten einmalig ist. Allein die Blütenform des Aronstabes lässt seine Besonderheit erahnen: Ein purpurvioletter Kolben wird von einem ästhetisch geschwungenen Hochblatt eingehüllt. An der Basis bildet das Blatt einen länglichen Hohlraum, in dem unten die weiblichen und darüber die männlichen Blüten angeordnet sind. Der nach Aas riechende Kolben lockt Schmetterlingsmücken an. Diese rutschen nach der Landung an der glitschigen Oberfläche des Hochblattes in den Hohlraum.

Am Eingang dieses Hohlraumes befinden sich sogenannte Reusenhaare aus verkümmerten Blüten. Sie verhindern, dass die winzigen Insekten die Blüte sofort wieder verlassen können. Erst wenn die Mücken die weiblichen Blüten mit dem mitgebrachten Pollen bestäubt haben, werden die „Gefangenen" nach mehreren Tagen freigelassen, indem die Reusenhaare erschlaffen und das Hochblatt abtrocknet. Nun endlich entlassen die männlichen Blüten ihre Pollen. Dadurch ist sichergestellt, dass sich die Pflanze nicht selbst bestäubt. Als Belohnung für ihre Dienste erhalten die Schmetterlingsmücken den „heiß begehrten" Nektar.

Frühling

Flächig blühender Bärlauch – eine Augenweide im Frühlingswald. Während der Blüte verströmen die Bestände einen intensiven Knoblauchgeruch, der durch schwefelhaltige Substanzen in den Blättern verursacht wird. Die großflächigen Blätter können auch im Halbschatten der austreibenden Bäume Sonnenlicht noch effektiv einfangen.

» Blühendes Scharbocks-
kraut

» » Blüte des Huflattichs

Nach dem Heranreifen der Samen muss für die Frühjahrsblumen aber auch sichergestellt sein, dass sie möglichst weit verbreitet werden. Das geschieht auf ganz verschiedene Weise: Eine Methode stellt der Samentransport durch den Wind dar. Nur wenige Frühblüher, wie etwa der Huflattich, sind auf diese Art der Verbreitung eingestellt, da der Wind am Waldboden kein verlässlicher Partner ist. Baumstämme und Sträucher bremsen jede Luftbewegung, so dass viele Samen nicht sehr weit getragen werden.

Kleine Flussfahrten unternehmen dagegen die Samen der Sumpfdotterblume. Sie wächst entlang von kleinen Waldbächen und in sumpfigen Quellgebieten und ist im Frühjahr wegen ihrer schwefelgelben Blüten nicht zu übersehen. Ihre schwimmfähigen Samen fallen in das Wasser und werden weit fortgetragen. Die Samen von Hexenkraut, Klettenlabkraut und Waldsanikel haben kleine Widerhaken, die sich ähnlich dem Prinzip des Klettverschlusses in das Fell von Säugetieren einhängen. Erst wenn die Tiere ihr Fell pflegen, werden sie von ihnen entfernt. Somit ist das Ziel, möglichst weit von der Mutterpflanze entfernt zu keimen, ebenfalls erreicht. Eine weitere Variante findet man bei Erd- und Himbeeren, die ihre winzigen Samenkörner in wohlschmeckendes Fruchtfleisch einbetten. Die winzigen Samen überstehen die Reise durch Magen und Darm der Genießer und werden zusammen mit einer Portion „Dünger" weit weg von ihrem Ursprung ausgeschieden.

Viele Frühblüher, wie Märzenbecher oder Lerchensporn, spannen Ameisen für die Verbreitung ihrer Samen ein. Damit diese für die Ameisen attraktiv sind, besitzen sie eiweißhaltige Anhängsel. Im Frühling benötigt beispielsweise eine Kolonie

Frühling

Die auffälligen Blüten der Sumpfdotterblume finden sich an jedem Waldbach. Ihre schwimmfähigen Samen werden mit Hilfe des vorbeifließenden Wasser transportiert.

« Eine Nacktschnecke frisst Pollen einer Frühlingssegge.

«« Blühende Ähren der Frühlingssegge

der Roten Waldameise besonders viel „Futter" für die Aufzucht unzähliger Arbeiterinnen. Für das Wachstum der Ameisenlarven ist die eiweißhaltige Nahrung lebenswichtig, da ein wachsender Organismus viel Protein für den Aufbau eigener Körpermasse braucht. Im Sommer decken die Ameisen diesen Bedarf mit erbeuteten Insekten aller Art. Weil es im Frühjahr noch kaum Raupen und Larven gibt, nutzen Ameisen kurzerhand die nahrhaften Samenanhängsel der Frühblüher.

Die Arbeiterinnen schleppen die Samen in ihren Bau, wo die sogenannten Eliosamen abgetrennt und an die Larven verfüttert werden. Die eigentlichen Samenkörner werden zusammen mit anderem organischen Abfall, wie toten Ameisen und Kot, wieder aus dem Bau entfernt und an bestimmten Stellen des Reviers deponiert. Diese mit Nährstoffen angereicherten „Müllhalden" stellen ein optimales Keimbett für die Samen dar, in dem sie gut gedeihen und besonders kräftige Pflanzen hervorbringen können. Die Arbeiterinnen lassen allerdings eine beträchtliche Zahl von Samen auf halbem Weg zum Bau wieder liegen, was für die Pflanzen kein Nachteil ist, sondern ebenfalls zu deren Verbreitung beiträgt.

Mithilfe der Ameisen kommt es also zu einer großflächigen Streuung der Samen und damit zu einem effektiven Gen-Austausch innerhalb der einzelnen Pflanzenarten. Als Gegenleistung erhalten die Ameisen dringend benötigte Nahrung zu einer Jahreszeit, die sonst äußerst nahrungsarm für sie wäre. Erst durch dieses Prinzip von Geben und Nehmen geht das Ameisenvolk schon als stattliche Population in den Sommer und kann dann diese Zeit des Überflusses besser nutzen.

Frühling

Rote Waldameisen transportieren ein Samenkorn des Märzenbechers in ihren Bau.
Am linken Ende des Samenkorns befindet sich das eiweißhaltige Anhängsel.

Die großflächigen Laichballen der Grasfrösche schwimmen auf der Wasseroberfläche. Die Ballen wirken wie ein Brennglas, so dass das die Laichballen umgebende Wasser um mehrere Grad wärmer ist.

Frühling

Der Zug der Kröten und Frösche

Im zeitigen Frühjahr sind Teiche und Tümpel in unseren Wäldern das Ziel einer unauffälligen, aber dennoch sehr faszinierenden Tierwanderung. Jetzt verlassen Erdkröten und Grasfrösche ihre frostsicheren Winterquartiere und ziehen nachts zielstrebig zu den Stillgewässern, in denen sie Jahre zuvor selbst „geboren" wurden.

Grasfrösche beginnen mit der Laichablage bei einigermaßen mildem Wetter. Sie können sich erstaunlich gut vor Kälte schützen, obwohl sie – wie alle anderen Amphibien – wechselwarm sind. Das bedeutet, dass ihre Körper genauso warm sind wie ihre Umgebung. Allerdings dürfen Grasfrösche nicht zu Eis erstarren: Stärkerer Frost, wie er noch Ende Februar jederzeit auftreten kann, wäre für die Grasfrösche tödlich! Als Schutz vor dieser Gefahr haben Erdfrösche Glykol, uns als Frostschutzmittel bekannt, im Blut. Es ermöglicht ihnen, Kälteeinbrüche schadlos zu überstehen. So sind bereits an den ersten warmen Vorfrühlingstagen die dumpfen, knurrenden Laute der Froschmännchen zu hören. Dieses Quaken wird durch die hinter dem Mundwinkel liegenden Schallblasen verstärkt und kann sogar unter Wasser abgegeben werden. Die Männchen locken mit den Rufen die Weibchen an, die sie dann sofort fest umklammern. Nun wartet das Männchen, bis das Weibchen zu laichen beginnt, und besamt die Eier. Je nach Größe des Froschweibchens können das 1000 bis 4000 Eier sein, die in eine gallertartige Hülle eingebettet sind. Meist vereinigen mehrere Weibchen ihre Laiche zu großen Laichballen, die an der Wasseroberfläche schwimmen. Die großen Ballen sind leicht gewölbt und bündeln das Sonnenlicht – ähnlich wie ein Brennglas. Deshalb ist die Wassertemperatur in unmittelbarer Umgebung der Laichballen um etwa zehn Grad erhöht, was Frostschäden minimiert und die Entwicklung der Eier beschleunigt.

Froschlaich ist in der nahrungsarmen Vorfrühlingszeit eine begehrte Futterquelle für eine ganze Reihe von Teichbewohnern, z.B. für die

Grasfroschpaar bei der Laichabgabe.

Wenige Tage alte Kaulquappen des Grasfrosches fressen die Reste des Laichklumpens auf.

Frühling

» Schlammschnecken und
» » Pferdeegel fressen den nahrhaften Laich.

Schlammschnecken und verschiedene Egelarten. Selbst die – je nach Wassertemperatur – im Laufe von drei bis vier Wochen schlüpfenden winzigen Kaulquappen ernähren sich in den ersten Tagen von verbliebenem, meist abgestorbenem Laich. Später fressen sie Algen sowie verwelkte Pflanzen und tote Kleintiere, die ins Gewässer geraten sind. Die Kaulquappen ihrerseits stehen als Nahrungsgrundlage auf dem Speisezettel vieler räuberischer Wasserbewohner, wie der Libellenlarve und des Gelbrandkäfers. Wasservögeln, wie Zwergtauchern oder Stockenten, dienen sowohl Kaulquappen als auch deren Feinde als „schmackhafte Mahlzeit".

Kaum ist das Stelldichein der Grasfrösche

am Abklingen, erscheinen während einer milden Vorfrühlingsperiode mit etwas Regen schon die nächsten Wanderer: Es sind Erdkröten mit ihren leuchtend orangefarbenen Augen und ihrer goldgelben Färbung, die nachts zielstrebig über den Waldboden zu den Laichgewässern ziehen. Schon auf dem Weg dorthin klammern sich manche Männchen auf dem Rücken der Weibchen fest,

---

Froschlaich und Kaulquappen sind eine begehrte Speise bei vielen Wasserbewohnern.

---

denen dann nichts anderes übrig bleibt, als sie mit zu ihrem gemeinsamen Ziel zu tragen. Dort angekommen, halten sie sich zunächst einige Tage lang in der Ufervegetation und im tieferen Wasser auf. Nun sind auch die hohen, flötenden Rufe der Männchen zu hören – vor allem dann, wenn sie sich gegenseitig berühren oder wenn ein bereits verpaarter Artgenosse Rivalen abwehren will. Ihr

Ein Erdkrötenweibchen wird von einem Männchen umklammert, um bei der bevorstehenden Laichabgabe die Eier befruchten zu können. Die ständige Präsenz verhindert, dass ein anderes Männchen zum Zeitpunkt der Laichabgabe die Eier befruchten kann.

Frühling

» Erdkröten auf dem Weg zum Laichgewässer

» » Laichschnüre der Erdkröte

Paarungstrieb ist so stark ausgeprägt, dass sie – in Ermangelung eines Weibchens – selbst Geschlechtsgenossen und im Wasser schwimmende Gegenstände umklammern. Oft versuchen mehrere Männchen gleichzeitig unter großem Tumult in den „Besitz" eines Weibchens zu gelangen.

Krötenpaare verharren mehrere Tage in ihrer Umklammerung, bevor der eigentliche Laichakt beginnt. Das Weibchen presst die Eier in Form von gallertartigen Schnüren hervor, die es in langen Reihen um Wasserpflanzen wickelt, während das Männchen die Eier befruchtet. Bis zu 8000 Eier legen die Weibchen auf diese Weise in meterlangen Doppelschnüren ab. Aus ihnen schlüpfen nach mehreren Wochen die Kaulquappen, die eine ähnliche Entwicklung wie die Grasfrösche durchlaufen. Nach zwei bis drei Monaten verlassen die fertig entwickelten, aber noch sehr kleinen, Frösche und Kröten in einem „Massenauszug" das Wasser und ernähren sich fortan von winzigen Bodenlebewesen. Im Volksmund wird der Landgang der Minifrösche und -kröten „Froschregen" genannt, da dieser meist wie auf ein geheimes Zeichen nach einem starken Regen beginnt. Mit zunehmender Größe können die Jungkröten ergiebigere Beute, wie Würmer und Schnecken, bewältigen und werden auch wehrhafter. Aus den über Kopf und Rücken verteilten Warzen sondern die Kröten ein Sekret ab, das die Schleimhäute von Säugetieren reizt. Gegen den Angriff von Schlangen setzen sich die erwachsenen Kröten nicht durch Flucht zur Wehr, sondern indem sie sich aufblähen: So erwecken sie den Anschein als Beute zu groß zu sein. Im Herbst ziehen sie sich in frostsichere Verstecke unter Wurzeln und Spalten zurück und verbringen dort meist in kleinen Gemeinschaften den Winter. Erst nach drei Jahren kehren sie zum ersten Mal wieder zu ihren Laichgewässern zurück und sorgen selbst für Nachwuchs.

Ein singender Buchfink im Geäst eines Baumes. Sein Gefieder ist im Frühjahr viel intensiver gefärbt als im Winter. Es dient ihm dann zum Imponieren gegenüber den Weibchen und Konkurrenten.

Frühling

Die Sprache der Waldbewohner

„Wie man in den Wald hineinruft, so schallt es wieder heraus." Dieses Sprichwort entspricht nicht so ganz der Wirklichkeit, denn im dichten Wald werden Schallwellen schnell gedämpft und selbst lautes Schreien hört man nur wenige hundert Meter weit. Damit sich Tierarten untereinander akustisch verständigen können, besitzen sie

> Die Gesänge der Waldvögel gehören zu den schönsten „Tiersprachen".

Fähigkeiten, die es ihnen ermöglichen, bestimmte Laute so zu äußern, dass sie weithin zu hören sind. Erst dadurch gelingt es ihnen, einen Geschlechtspartner zu finden, ein Revier zu verteidigen oder rechtzeitig auf die Warnungen vor Feinden zu reagieren.

Singvögel, wie der Buchfink, verständigen sich sowohl mit akustischen als auch optischen Reizen. Vogelgesang ist für uns Menschen eine der am einfachsten wahrzunehmenden Tiersprachen im Wald. Jede Art hat ihre charakteristischen Laute, an denen sie der Vogelkundler – und mit etwas Übung sogar der Laie – sicher erkennen kann. Manche Arten sehen sich so ähnlich, dass selbst erfahrene Ornithologen sie nur am Gesang eindeutig unterscheiden können. Je kleiner und unauffälliger Vögel sind, desto lauter und auffälliger sind ihre Melodien – vor allem dann, wenn sie in unübersichtlichen Lebensräumen zu Hause sind. So ist der unscheinbar braun gefärbte Zaunkönig oft nur durch seinen schmetternden Gesang zu entdecken.

Revierverteidigung ist eine der wichtigsten Funktionen des Vogelgesanges. Deshalb singen Vogelmännchen im Frühjahr besonders intensiv. Gleichzeitig sollen durch den Reviergesang Weibchen angelockt werden. Bei Sichtkontakt kommen dann optische Reize, wie Flügelschlagen oder das Präsentieren von auffälligem Federschmuck,

Zaunkönig auf Singwarte

Ein Buntspecht an seiner Trommelwarte, die aus einem abgestorbenen Baumstumpf besteht. Durch das gute Resonanzvermögen des trockenen Holzes ist das Trommeln weit zu hören und somit eine sehr effektive Methode der Revieranzeige.

Frühling

« Der rote Brustfleck des Rotkehlchens ist ein wichtiges Naherkennungszeichen für Artgenossen.

«« Das balzende Sommergoldhähnchen flattert mit den Flügeln, um sich größer und auffälliger zu machen.

zum Einsatz. Unser kleinster Waldvogel – das Sommergoldhähnchen – besitzt dafür eine leuchtend orange Federhaube, die es bei Erregung aufstellt.

Der Buntspecht hat dagegen intensiv rot gefärbte Federn am Schwanz. Diese auffälligen Farbkleckse haben auf kurze Distanz eine ausgesprochen gute Signalwirkung und sind wichtige „Hilfsmittel" sowohl bei der Balz als auch bei der Verteidigung des Territoriums. Zusammen mit einem speziellen Drohgesang sollen diese Signale Eindringlinge abschrecken und in die Flucht schlagen. Erst wenn diese ritualisierten Warnungen unbeachtet bleiben, kommt es zu Kämpfen, in deren Verlauf sich die Kontrahenten mitunter sogar schwere Verletzungen zufügen. Später macht das Männchen seine Partnerin mit Zeigegesängen auf einen geeigneten Nistplatz aufmerksam und feuert es mit dem Nestbaugesang zur Arbeit am Nest an.

Eine besondere Art der Reviermarkierung finden wir bei den Spechten. Sie erzeugen mit raschen Schnabelhieben auf dürrem Holz ein weithin hörbares Trommeln und markieren damit ihr Revier gegenüber Artgenossen. Als sogenannte „Trommelwarten" werden abgestorbene Äste weit oben in den Baumkronen auserkoren, da trockenes Holz hervorragende Resonanzeigenschaften hat. Zudem sind die klopfenden Laute von dieser erhöhten Position weithin zu hören. Die einzelnen Spechtarten trommeln in verschiedenen Frequenzen, so signalisiert jede Art ihren Artgenossen mit wenig Aufwand „Hier bin ich!". Buntspechte sind in der Wahl ihrer Trommelwarten besonders findig: Es kommt regelmäßig vor, dass sie Dachrinnen oder Blechkuppeln von Kirchen hierfür benutzen. Natürlich schaffen sie sich damit besonders an Wochenenden unter den Menschen nicht nur Freunde …

Haselmäuse sind geschickte Kletterer. Sie markieren die Wege durch ihr Revier mit Urin. Mit ihren langen Tasthaaren können sie sich bei Dunkelheit gut orientieren. Mit ihren Füßchen können sie auf dünnsten Ästchen balancieren.

Viele Säugetiere verständigen sich hingegen sehr effizient über den Geruchssinn, der bei uns Menschen relativ schlecht entwickelt ist. Mit dem Absetzen von Kot oder gezieltem Urinieren an markanten Punkten werden dauerhaft Visitenkarten hinterlassen, die die Anwesenheit des Revierinhabers unterstreichen sollen. Haselmäuse legen sich zur nächtlichen Orientierung regelrechte „Duftstraßen" auf Zweigen an, indem sie ihre Fußflächen mit Urin einreiben. Es ist auch kein Zufall, dass Fuchs- und Marderkot oft auf Wegen oder Baumstümpfen zu entdecken ist. Zusätzlich werden solche Stellen mit Sekreten aus speziellen Analdrüsen versehen.

Rehböcke kennzeichnen mithilfe von Duftdrüsen an ihrer Stirn kleine Bäume an den Reviergrenzen, um ihre Ansprüche geltend zu machen. Als sichtbare Ergänzung reiben sie die Rinde vom Markierungsbäumchen und scharren den Boden frei. Für die meisten Säugetiere ist ihr ausgeprägter Geruchssinn gerade zur Paarungszeit von großer Bedeutung: Dann sondern die Weibchen in sehr geringer Konzentration Duftstoffe (Pheromone) über ihren Urin ab, die den Männchen ihre Empfängnisbereitschaft signalisieren.

Über äußerst empfindliche Riechorgane, die sich in der Mund- oder Nasenhöhle befinden, können feinste Unterschiede in der Zusammensetzung dieser Gerüche wahrgenommen werden. Sie lösen dann oft das weitere Paarungsverhalten aus. All diese ausgeklügelten Informationsmechanismen unter den Tieren im Ökosystem Wald dienen letztendlich – wie überall in der Natur – einem einzigen Ziel: das Überleben der Art zu sichern!

Frühling

Ein junger Rehbock im Frühjahr – sein Gehörn ist noch mit Bast überzogen.
Bald wird er den Bast an einem Bäumchen abreiben und sein Revier markieren.

Waldkäuze brauchen geräumige Höhlen als Tagesquartiere und für die Aufzucht ihrer Jungen.

Frühling

Von Höhlen, Nischen und Nestern

Nistkästen in Gärten und Parks sind für uns selbstverständlich. Wir wissen, dass viele Vögel wie Meisen und Stare in ihnen brüten und ihre Jungen aufziehen. Diese Nisthilfen ersetzen die natürlichen Baumhöhlen, wie sie in Urwäldern und schonend bewirtschafteten Wäldern vorkommen. Bei der Entstehung dieser Unterkünfte sind meist zwei ganz unterschiedliche Lebewesen beteiligt: Pilze und Spechte. Erst wenn das Holz durch Pilzbefall an Härte verloren hat, können Spechte mit dem Bau der Höhlen beginnen, die sie für die Aufzucht ihrer Jungen und als sichere Übernachtungsmöglichkeiten benötigen.

In den Laubwäldern Mitteleuropas kommen einschließlich des sehr seltenen Weißrückenspechtes bis zu sieben Spechtarten vor. Sie besitzen alle die Fähigkeit, mit ihren Meißelschnäbeln Baumhöhlen zu zimmern. Entsprechend der Größe der einzelnen Spechtarten variiert das Ausmaß der von ihnen geschaffenen Behausungen beträchtlich. Kleinere Arten, wie Klein-, Bunt- und Mittelspecht, legen ihre Höhlen oft in abgestorbenem Weichholz von Weide, Pappel bzw. Birke oder in von Pilzen befallenen Stämmen an. Das bereitet den Vögeln keine große Mühe. Allerdings können solche Höhlenbäume nur wenige Jahre genutzt werden, weil die schnell fortschreitende Zersetzung die Stämme innerhalb weniger Jahre zusammenbrechen lässt. Viele der so entstandenen Höhlen werden auch umgehend von anderen „hungrigen" Spechten aufgehackt, da das vermodernde Holz bereits von verschiedenen Käferlarven – einer „Lieblingsspeise" der Spechte – besiedelt wird.

Die andere Strategie des Höhlenbaus besteht darin, an scheinbar gesunden Baumstämmen Schwachstellen ausfindig zu machen: Dort, wo ein Stamm bereits eine natürlich entstandene Faulstelle aufweist, er selbst oder seine Äste morsch sind, legen die Spechte mit geringem Aufwand Höhlen an, die über viele Jahre hinweg genutzt werden.

Von Pilzen befallener Höhlenbaum

«« Schwarzspecht beim Höhlenbau. Die anfallenden Späne werden in regelmäßigen Abständen aus der Höhle geworfen.

« Zwischendurch hält das Männchen Ausschau nach Rivalen und Feinden.

Der krähengroße Schwarzspecht zimmert seine Behausungen bevorzugt in alte, noch lebende Rotbuchen mit einem Stammdurchmesser von mindestens 40 Zentimetern. Obwohl äußerlich nicht zu erkennen, haben viele dieser Rotbuchen einen von Pilzen befallenen Kern. Schwarzspechte erkennen dies wahrscheinlich an der besonderen

---
Schwarzspechte zimmern
die größten Baumhöhlen.

Resonanz solcher Stämme. Die erste Phase des Höhlenbaus ist zugleich die schwierigste, weil zunächst das noch gesunde äußere Holz der ausgewählten Buche durchdrungen werden muss. Wo immer möglich, suchen sich Schwarzspechte eine Stelle am Stamm, an der sich einmal ein Ast befunden hat. Der Baum versucht diese „Eintrittspforte" für Pilze möglichst schnell mit gesundem Holz zu überwachsen: Der verbliebene, brüchige Aststummel wird wie ein Fremdkörper eingehüllt. An dieser Stelle wächst besonders hartes Holz. Erst, wenn der Specht diese harte Schicht durchdrungen hat, kann er dem Verlauf des morschen Astes folgen und den Höhlenbau mit gringerer Anstrengung vollenden.

Die Anfangsphase des „Zimmerns" erstreckt sich unter Umständen über Jahre hinweg. Voraussetzung ist allerdings, dass bereits nutzbare Höhlen vorhanden sind und somit kein akuter Wohnungsmangel herrscht. In dieser Zeit dient der Höhlenbau lediglich als Verhaltensritual während der Balz. Wird eine Bruthöhle jedoch dringend benötigt, stellt sie der Specht innerhalb weniger Wochen fertig.

Frühling

Ein Schwarzspechtmännchen inspiziert einen Höhlenbaum. Das Männchen ist an der leuchtendroten Kopfhaube einfach zu erkennen. Die Weibchen haben nur einen roten Fleck am Hinterkopf.

Rauhfußkäuze ziehen in von Schwarzspechten gezimmerten Höhlen ihre Jungen auf. Sie nutzen die geräumigen Höhlen auch als Nahrungsdepots für überschüssige Beute.

Frühling

Der Kleiber mauert den Eingang einer Schwarzspechthöhle zu. Dazu transportiert er Lehm heran und verkleinert damit den Höhleneingang.

Schwarzspechte bauen im Laufe der Jahre oft mehrere Höhlen im gleichen Stamm übereinander. Durch Fäulnis, ständiges Erweitern und weitere Bauaktivitäten verschmelzen sie zu kaminartigen Hohlräumen mit verschiedenen Eingängen. Diese Großhöhlen werden gerne von Fledermäusen besiedelt oder von ihren Baumeistern als zusätzliche Übernachtungsmöglichkeit genutzt. Durch die noch intakte, stabile äußere Holzschicht leben solche hohlen Bäume viele Jahre weiter, bevor sie von einem Sturm „gefällt" werden. Die Höhlenbäume des Schwarzspechts sind somit äußerst wichtige Bestandteile im Ökosystem Wald. Bisher wurden über 50 Tierarten als Nachmieter in ihnen entdeckt. Viele Vogelarten, wie etwa verschiedene Meisen, Hohltauben sowie Käuze, benötigen derartige Behausungen zur Aufzucht ihrer Jungen. Oder sie finden als Kinderstuben für Säugetiere, wie den Baummarder, das Eichhörnchen oder den Siebenschläfer, eine neue Bestimmung. Hinzu kommen verschiedene Insektenarten, wie Hornissen und Wildbienen, die in den geräumigen Unterkünften ihre voluminösen Nester bauen.

Kleiber legen eine ganz besondere Verhaltensweise an den Tag: Sie nutzen die Großhöhlen gerne zur Aufzucht ihrer Brut. Um jedoch vor Nesträubern, wie Eichhörnchen, Baummarder oder Buntspecht, besser geschützt zu sein, mauern sie den für ihre Körpergröße viel zu großen Höhleneingang auf ihre Maße zu. Dazu fliegen sie tagelang zu einer Wildschweinsuhle und holen sich dort feuchten Lehm als Baumaterial, um dann in den so gesicherten Höhlen mit dem Nestbau zu beginnen. Auch hier gehen sie außergewöhnliche Wege. Sie verwenden nicht Haare und Moose wie andere Meisen, sondern polstern sie mit kleinen Rindenstücken aus.

« Der Zaunkönig lugt aus seinem Kugelnest.

«« Der winzige Baumläufer legt seine Nester in kleinen Nischen an.

All die Beobachtungen an Höhlenbäumen machen deutlich, dass es sich um regelrechte Brennpunkte des Waldlebens handelt, die konsequenten Schutz vor jeglicher Nutzung verdienen! Neben Spechthöhlen werden auch kleine Nischen und Ritzen von manchen Waldtieren als Wohnraum genutzt. Baumläufer legen ihr winziges Nest hinter abgestorbener Rinde an. Dort verbergen sich oft Fledermäuse, um ungestört den Tag zu verbringen. Diese schwer zu findenden Verstecke scheinen für kleinere Tiere sogar sicherer zu sein als die für einige Räuber gut zugänglichen Spechthöhlen.

Ebenso gibt es es im Wald eine ganze Reihe von Busch- und Bodenbrütern, die ihre Nester gut versteckt im Geäst der Bäume oder in geschützten Nischen am Boden anlegen. Es ist beeindruckend, wie gut diese Brutstätten an ihre Umgebung angepasst sind. So benutzt der Zaunkönig Moos und dürre Blätter, um sein Kugelnest mit dem winzigen Eingang für Feinde, wie Fuchs, Eichelhäher oder Marder, unsichtbar zu gestalten. Der Buchfink tarnt gar den Außenrand seines Nestes mit kleinen Flechtenstücken. Das Innere der Nester wird mit weichen Haaren und Federn gut ausgepolstert. Singdrossel und Amsel kleiden ihre Nester mit Lehm aus, um ihnen mehr Stabilität zu verleihen.

Singvögel bauen für jede Brut ein neues Nest, da sich in Nistplätzen, die bereits einmal für die Jungenaufzucht benutzt wurden, oft Vogelflöhe und andere Parasiten einschleichen, die die Gesundheit der frisch geschlüpften Küken stark beeinträchtigen würden. Manche Vogelarten, wie die Stare, verwenden sogar bestimmte Kräuter zum Nestbau, die vermutlich das Immunsystem ihrer Jungen stärken und die Entwicklung von Parasiten hemmen.

Frühling

Brütendes Buchfinkweibchen. Das Nest ist in eine Astgabel gebaut, innen mit Haaren ausgepolstert und außen mit Flechtenstücken gut getarnt.

Das Leben einer Buche

In alten Buchenwäldern stehen Bäume verschiedenen Alters oft nahe beieinander, sodass wir uns gut vorstellen können, welche Gefahren eine „betagte" Buche zu überstehen hatte, bevor sie zu einem solch stattlichen Riesen heranwachsen konnte. Das Leben jeder Buche beginnt im Frühjahr, wenn die älteren Bäume blühen. Der Wind weht den Blütenstaub auf die unscheinbaren weiblichen Blüten, die auf diese Weise bestäubt werden. So funktioniert es bei nahezu allen unseren heimischen Bäumen – bis auf wenige Ausnahmen, wie beispielsweise die auf Insekten angewiesene Linde. Daher benötigen sie auch keine optisch auffälligen oder duftenden Blüten. Nach der Befruchtung bilden sich während des Sommers die typischen Bucheckern mit jeweils vier Samen aus. In den kleinen Nüssen befinden sich die bereits lebenden und atmenden Keimlinge mitsamt aller Vorratsstoffe. Bis zu 50000 Bucheckern kann eine über 100-jährige Buche in einem guten Samenjahr abwerfen! Allerdings nur im Abstand von einigen Jahren, den sogenannten Mastjahren, in denen die Bäume weniger wachsen,

---

Eine 100-jährige Buche erzeugt in einem Samenjahr bis zu 50000 Bucheckern.

---

weil sie die bei der Fotosynthese gebildeten Substanzen vor allem für die Produktion der Samen verwenden. Bucheckern sind relativ schwer und enthalten viel Öl und Eiweiß, etwa 50 Prozent mehr als die ohnehin sehr nahrhaften Haselnüsse. Deshalb sind sie für einige Waldbewohner im Herbst und Winter eine wichtige Nahrungsquelle.

Aus der Sicht einer Buche stellt dies natürlich einen beträchtlichen Verlust dar. Doch gerade in Jahren mit üppiger Samenproduktion überdauern viele Bucheckern unentdeckt am Boden. Im Frühjahr beginnen sie dann zu keimen. Nun macht es

Abgefallene Buchenblüte.

Frühling

Frisch ausgetriebener Rotbuchenwald nach einem warmen Frühjahrsregen

Alter Buchenwald mit Höhlenbäumen – die Bodenvegetation wird bald verschwunden sein, weil es ihr an Licht mangelt.

Frühling

sich bezahlt, dass die Mutterbuche jedem einzelnen Keimling so viele Nährstoffe mitgegeben hat. Denn bevor das eigentliche Wachsen beginnen kann, müssen aus den Vorratsstoffen Wurzeln und grüne Blätter gebildet werden. Jetzt erst kann der alltägliche und doch so faszinierende Prozess der Fotosynthese beginnen. Mit der dabei stattfindenden Sauerstoff-Produktion ist sie die Grundvoraussetzung für das gesamte Leben auf unserer Erde. Dabei werden Wasser und Mineralsalze aus dem Boden mit Kohlendioxid aus der Luft in pflanzeneigene Stoffe umgewandelt.

Im April entdecken wir überall unter den Altbuchen das Hellgrün der Keimlinge. Vorerst können sie ungehindert wachsen, weil die Kronen der umstehenden Bäume noch unbelaubt sind. An lichteren Stellen finden sich junge Buchen, die schon mehrere Jahre alt sind. Ende Mai hat sich der Buchenwald deutlich verändert, da die ausgewachsenen Buchen ihre Blätter nun vollständig entfaltet haben. Nur ein Bruchteil des Sonnenlichtes dringt noch bis zum Waldboden durch. An den schattigsten Stellen beginnen die ersten Buchenkeimlinge bereits zu verkümmern, weil ihnen das Licht fehlt.

An anderer Stelle ist etwas Außergewöhnliches passiert: Ein Frühjahrssturm hat den Stamm einer alten Buche gebrochen. Lediglich ein Stumpf ist stehen geblieben. Der Rest des Baumes liegt zerborsten daneben. Hier gelangt nun wesentlich mehr Sonnenlicht auf den Waldboden. Auf diesem Fleck haben die Baum-Keimlinge optimale Chancen, alt zu werden, wenngleich sie die Konkurrenz durch Gräser und Kräuter fürchten müssen, die die guten Wachstumsbedingungen an dieser lichten Stelle ebenfalls für sich nutzen wollen.

In der Nähe entdecken wir mehrere zimmerhohe Buchen. Sie hatten als Keimlinge Glück und bekamen wegen ihrer „kränkelnden Mutter" ausreichend Licht, um zumindest ein Stück wachsen zu können. 20 Jahre und länger können sie so im Schatten einer alten Buche „verharren", um nach deren Tod end-

Buchenkeimlinge

Eine mächtige Buche wurde von einem Sturm gebrochen. Hier gelangt nun mehr Licht auf den Boden. Jetzt haben junge Bäume die Chance, sich diesen Platz an der Sonne zu erobern.

Frühling

lich „durchzustarten". Viele Hunderttausend Bucheckern waren notwendig, um diese wenigen Nachkommen am richtigen Ort und zur richtigen Zeit hervorzubringen.

Die Kronen der Jungbuchen wachsen nun dicht zusammengedrängt auf. Irgendwann setzen sich jedoch einzelne Individuen im Kampf ums Licht durch. Die unterlegenen Bäumchen fallen dann immer weiter zurück, überleben noch eine Zeit lang im Schatten der Sieger, bevor sie langsam absterben oder aber genutzt werden. Die kommenden Jahrzehnte verbringen die „überlegenen" Buchen damit, in die Höhe zu wachsen, ihre Kronen zu vergrößern, ihr Wurzelwerk und damit auch ihren Stammumfang kontinuierlich auszudehnen. Mit 100 Jahren ist eine solche Buche zu einem stattlichen Baum von bis zu 30 Metern Höhe und einer Stammdicke von 30 bis 40 cm herangereift.

In forstlich genutzten Wäldern werden viele Bäume in diesem Stadium gefällt, weil sie die optimale Stärke erreicht haben und ihr Holz noch ganz gesund ist. In Urwäldern können Buchen über 300, bisweilen sogar 500 Jahre alt werden, eine Höhe von über 50 Metern und einen Stamm-Durchmesser von mehr als einem Meter erreichen. Ein mächtiges Wurzelwerk, das bis in eine Tiefe von drei Metern vordringt, gibt diesen stolzen „Riesen" Halt und versorgt sie mit Wasser mitsamt den darin gelösten Mineralsalzen. Um diese Nährstofflösung zu den etwa 200 000 Blättern zu transportieren, sind über 1000 km Versorgungsleitungen durch Stamm und Äste notwendig. An sonnigen Tagen verdunstet eine Altbuche etwa 200 Liter Wasser, das durch die Sogwirkung der Verdunstung – ohne jeglichen Energieaufwand – bis zu den Blättern transportiert wird. Dazu nimmt der Baum über die Blätter neun Kubikmeter Kohlendioxid aus der Luft auf und gibt dieselbe Menge an Sauerstoff an die Luft ab. Die unvorstellbare Zahl von 100 Billionen Chloroplasten

Eine junge Buche kämpft sich nach oben.

in den Blättern fängt das Sonnenlicht ein. Diese ganz besonderen Zellteile produzieren mit Kohlendioxid, den im Wasser gelösten Mineralsalzen und dem Wasser selbst eine Art Zuckersaft. Dieser

---

Zuckersaft ist die Grundsubstanz, aus der alle Teile des Baumes gebildet werden.

„Sirup" wird an die verschiedenen Stellen der Buche transportiert, um dort Blätter, Früchte, Knospen und Holz entstehen zu lassen. Dazu ist der ganze Baum bis in die feinsten Ästchen und Wurzelspitzen mit einer dünnen Schicht zwischen Holz und Borke überzogen, dem sogenannten Bast. Diese weiche Schicht zwischen Holz und Borke wird vom Laien selten wahrgenommen. Durch die Leitungsbahnen im Bast wird der in den Blättern gewonnene Zuckersaft in alle Teile des Baumes geleitet. Wird diese Schicht um den ganzen Stamm weggeschabt, kann der Baum seine Wurzeln nicht mehr mit Nährstoffen versorgen, die Wurzeln sterben ab und der Baum verdurstet. Zwischen dem Holz und dem Bast befindet sich eine hauchdünne, weiße Schicht – das Kambium. Dieses Zellgewebe erzeugt nach außen den Bast und nach innen das Holz. Auf diese Weise werden Äste, Stamm und Wurzeln des Baumes immer dicker.

In die Höhe wächst ein Baum immer nur an den Endpunkten der Äste – den Knospen. Das bedeutet also, dass ein Ast stets auf der gleichen Höhe bleibt und nicht mit nach oben wächst, wie oft angenommen wird. Gleichermaßen entwickeln sich die Wurzeln stets an ihren Spitzen weiter in die Tiefe und schieben sich nicht etwa in den Boden. Eine solch mächtige Altbuche beherbergt im Lauf ihres Lebens etwa 1000 Kleintierarten und 300 Arten von Flechten, Moosen und Pilzen.

Die flächig angeordneten Buchenblätter sind regelrechte „Lichtfallen".

Frühling

Das riesige Wurzelwerk einer uralten Buche verleiht dem Baum Standfestigkeit und versorgt ihn mit Wasser und Mineralsalzen. Bis zu drei Meter tief können sie in den Boden vordringen.

Sommer

Das Leben pulsiert

Sonnenaufgang am Rand einer kleinen Waldlichtung

Sommer

Das Leben pulsiert

Der Waldsommer beginnt mit dem Austreiben der Blätter, wenngleich wir uns streng nach dem Kalender noch im späten Frühjahr befinden. Diese Festlegung scheint aber vertretbar, geht doch mit dem Blattaustrieb die umfassendste Veränderung in unseren Laubwäldern einher, da an vielen Stellen jetzt nur noch spärliches Licht bis zum Waldboden dringt. Durch die gigantische Biomasseproduktion im Kronenbereich läuft das Ökosystem Wald mit all seinen Vernetzungen und Abhängigkeiten zur Höchstform auf. Von den frischen Blättern ernähren sich unzählige Käfer und Raupen, die ihrerseits wieder eine begehrte Beute für viele räuberisch lebende Insekten, Spinnen und einige Vogelarten sind.

Im Gewirr der Blätter bieten sich perfekte Verstecke für die Jungenaufzucht. Der morgendliche Gesang der Vögel wird schwächer, da die Altvögel nun vollauf mit der Versorgung ihrer Jungen beschäftigt sind. Nur das tiefe Gurren der Ringeltauben und die unverwechselbaren Rufe des Kuckucks sind in unverminderter Intensität zu hören. Nachtaktive Säugetiere, wie Marder, Fuchs oder Dachs, lassen sich mit etwas Glück in dieser Zeit bereits am frühen Morgen beobachten, da die kurzen Nächte für die Nahrungssuche nicht mehr ausreichen.

Die Morgendämmerung im Sommerwald zu erleben, ist ein besonders schönes und intensives Naturerlebnis. Wenn schemenhafte Umrisse allmählich Gestalt annehmen und sich wenig später ein paar Strahlen der Morgensonne in die Tiefe des Waldes verirren, dann fühlt man sich als Teil eines Ganzen und ahnt, dass der Wald mehr ist, als die Summe seiner Bäume.

Der scheue Kuckuck, hier ein Männchen im Flug, ist im Sommerwald schwer zu entdecken.

Der feuchtigkeitsliebende Geißbart mit seinen üppigen Doldenblüten besiedelt lichte Stellen in der Nähe von Quellen oder in Schluchten.

Sommer

Licht und Schatten

Wälder unterscheiden sich von allen anderen Lebensräumen in der stark ausgeprägten Räumlichkeit, die durch das enorme Höhenwachstum der Bäume geschaffen wird. Bäume erreichen in Europa bis zu 60 Meter Höhe, in Nordamerika sogar über 100 Meter. Aus dem stockwerksartigen Aufbau ergeben sich vielfältige Lebensbedingungen, so genannte ökologische Nischen für Tiere und Pflanzen. Gerade das für grüne Gewächse existenzielle Licht ist im Wald sehr ungleichmäßig verteilt. Während die obersten, unbeschatteten Blätter der Bäume die volle Sonneneinstrahlung erhalten, erreichen gerade einmal ein bis fünf Prozent der ursprünglichen Lichtmenge den überschirmten Waldboden. An diesen Stellen überleben nur Pflanzen, wie Moose und Farne, die mit wenig Licht auskommen. Allerdings wachsen sie unter diesen Bedingungen nur sehr langsam. Im Laubwald haben Moose zudem das Problem, dass sie nur auf erhöhten Stellen, wie umgestürzten bzw. stehenden Bäumen oder Felsen wachsen können. Nur dort bildet sich keine für die Moose tödliche Laubschicht.

Kleine oder größere Lücken im Kronendach gibt es aber im Tages- und Jahreslauf immer wieder. Hier kann die Sonne für eine gewisse Zeit den Waldboden direkt erreichen. Am Fuße dieser Lichtschächte siedeln Bodenpflanzen, die mit den stark wechselnden Lichtintensitäten gut zurechtkommen. Hier sind ganz besondere Fähigkeiten gefragt, denn im Laufe eines Tages müssen diese Gewächse den oft abrupten Übergang von tiefem Schatten zu praller Sonne meistern. Wer einmal eine Zimmerpflanze in die direkte Sonne gestellt hat, weiß, wie schnell die Blätter Schaden nehmen.

Die Einbeere kommt mit sehr wenig Licht aus.

« Das Weidenröschen ist sehr lichtbedürftig.

«« Der Fingerhut verträgt auch stärkeren Schatten.

««« Das gefleckte Knabenkraut – eine Orchideenart – wächst an einer sonnenbeschienen Stelle am Waldboden.

Spezialisten, wie der Sauerklee, können aktiv die Stellung ihrer Blätter verändern und so einer zu starken Einstrahlung entgegenwirken.

Wie aber kommen die einzelnen Pflanzenarten zum richtigen Zeitpunkt an den richtigen Ort? Meist durch Zufall – genauer gesagt: durch kontrollierten Zufall! Das Bestreben der meisten Blütenpflanzen ist es, möglichst üppig zu blühen. Sie erzeugen damit eine enorme Samenmenge, um sie anschließend großflächig zu verteilen. Ein weiterer Trick besteht darin, dass ihre Samen mehrere Jahre an Ort und Stelle „überleben" können, um bei Eintritt der Idealbedingungen zu keimen. Tatsächlich schlummern im Waldboden Unmengen von Pflanzensamen, die über viele Jahre hinweg ihre Keimfähigkeit behalten. Wenn durch einen Sturm oder durch Holznutzung größere Lichtungen entstehen, wachsen Stauden – wie der Fingerhut oder das Weidenröschen – für wenige Jahre in üppiger Pracht und produzieren in scheinbar verschwenderischer Menge neuen Samen.

Damit die Samen möglichst weitflächig verteilt werden, bedienen sich die Pflanzen unterschiedlicher Tricks: So verbreitet der Wind die Samen von Weidenröschen, Fingerhut und Türkenbund. Eine verblüffende Samenverbreitung hat sich bei den Springkräutern herausgebildet: Durch einen Schleudermechanismus in den Fruchtblättern werden die Samen mehrere Meter weit wegkatapultiert. Viele Bodenpflanzen können zudem über Wurzelausläufer rasch große, baumfreie Flächen besiedeln. Die Herrschaft der Waldblumen ist jedoch meist nur von kurzer Dauer: Innerhalb von wenigen Jahren erobern sich die Bäume erneut die Freiflächen und stellen die bunte Blumenpracht wieder in den Schatten.

Sommer

Der Türkenbund ist eine unserer schönsten Waldpflanzen. Er kann auch im Halbschatten wachsen. Eine üppige Blütenpracht entfaltet er allerdings nur bei ausreichendem Lichtangebot. Sein Name rührt von der Form der Blüten her, die an die traditionellen Hosen des türkischen Orients erinnern.

Eichenwald mit üppiger Strauchschicht aus Hasel, Hainbuche und Linde.
Dieser so natürlich anmutende Wald wird nach altem Brauch regelmäßig genutzt.
Im Abstand von 20 bis 30 Jahren wird die gesamte Strauchschicht zu Brennholz
verarbeitet. Die Stöcke treiben im darauffolgenden Frühjahr wieder aus.

Sommer

Die Vielfalt der Bäume

Bäume sind nicht nur die höchsten und größten pflanzlichen Lebewesen, die je auf unserer Erde existiert haben, sondern auch die ältesten. Einzelne Grannenkiefern in Kalifornien weisen ein Alter von fast 5000 Jahren auf. Unsere ältesten Bäume sind die extrem langsam wachsenden Eiben. Auf bis zu 2000 Jahre wird das Alter einzelner Exemplare geschätzt. Trotz ihres unvorstellbar hohen Alters erreichen weder Grannenkiefern noch Eiben so spektakuläre Dimensionen wie die Mammutbäume in Amerika oder unsere Fichten, Tannen und Buchen.

Die beeindruckendste Kombination aus Alter und Größe zeigen in unseren Wäldern die Eichen. Mit Stammdurchmessern bis zu sechs, Höhen von bis zu 40 Metern und mehr als 1000 Jahren Lebenszeit gehören sie zu den imposantesten Lebewesen der Natur, dabei zählen sie neben den Buchen zu den häufigsten Laubbäumen in unseren Breiten. Sie wachsen vorzugsweise auf trockenen Sand- und Tonböden oder aber in zeitweise überschwemmten Auwäldern, also an Standorten, die von Buchen nicht besiedelt werden. Durch die bis in acht Meter Tiefe vordringenden Pfahlwurzeln kann die Eiche auf Wasservorräte zugreifen, an die die Buche nicht gelangen kann. Allerdings gedeihen Eichen genauso gut auf Böden, auf denen sich auch Buchen wohlfühlen.

Viele urtümlich anmutende Eichenwälder in Mitteleuropa wären ohne den Einfluss des Menschen eigentlich Buchenwälder. Die Buche hat gegenüber der Eiche einen ganz entscheidenden Wettbewerbsvorteil: Die Jungpflanzen vertragen –

Die Eicheln reifen während des Sommers heran.

im Gegensatz zu jungen Eichen – Schatten sehr gut. So kann eine neue Generation bereits unter dem Schirm des Altbestandes heranwachsen.

Erst als der Mensch vor über 1000 Jahren begann, mit Feuer und Axt die Buche zurückzudrängen, konnte sich die Eiche stärker ausbreiten. Die sehr nahrhaften Eicheln, die alle drei bis fünf Jahre in großer Menge produziert werden, waren nämlich für das Vieh eine wichtige Nahrungsquelle vor dem Winter. Gleichzeitig wurde damit der Wildbestand gefördert, der für den jagdbegeisterten Adel eine wichtige Rolle spielte.

Die parkartigen, lichten „Hutewälder", wie wir sie auf vielen mittelalterlichen Gemälden entdecken können, wurden im Sommer regelmäßig beweidet, da sich wegen des lockeren Bewuchses und der ohnehin schütteren Eichenkronen eine üppige Bodenvegetation aus Gräsern und Kräutern bilden konnte. Auch natürliche Eichenwälder weisen wegen ihrer verhältnismäßig lichtdurchlässigen Kronen eine bei weitem höhere Vielfalt an Bodenpflanzen als Buchenwälder auf. Zudem verträgt sich die Eiche viel besser mit anderen Baumarten, was dazu führt, dass es in Eichenwäldern zahlreiche andere Bäume, wie Hainbuche, Kirsche oder Linde gibt.

In Eichenwäldern leben 200 Schmetterlings- und gar 800 Käferarten. In manchen Jahren werden die Eichen kurz nach dem Austreiben bereits von massenhaft auftretenden Schmetterlingsraupen kahl gefressen. Dann rieselt das zarte Laub als feiner Kotregen aus dem Kronendach herunter. Dabei gibt es aber individuelle Unterschiede im Befallsgrad. Eine fast kahl gefressene Eiche kann neben einer sattgrünen stehen. Wie ist das möglich? Es gibt Hinweise, dass befallene Eichen über das Wurzelsystem Botenstoffe an die Nachbarbäume senden, die daraufhin die Produktion von ungenießbaren Substanzen in ihren Blättern beschleunigen. „Abgeweidete" Eichen reagieren mit erneutem Austrieb Ende Juni. Die frischen Triebe werden aufgrund des Termins (Namenstag des Heiligen Johannes) Johannistriebe genannt.

Der Hirschkäfer – unsere größte heimische Käferart – braucht für Entwicklung seiner Larven morsches Eichenholz.

Sommer

Am Boden von Eichenwäldern wächst auch im Sommer eine üppige Vegetation aus Kräutern wie der Pfirsichblättrigen Glockenblume, verschiedenen Grasarten und Sträuchern.

« Die Raupen des Schwammspinners fressen in manchen Jahren viele Eichen kahl.

«« Rüsselkäfer lieben ebenfalls die frischen Eichenblätter.

Die Blüten, Knospen und Früchte der Eiche sind neben den Blättern die Lebensgrundlage für eine beträchtliche Zahl von Insektenarten. Von diesen Pflanzenfressern im weitesten Sinne ernähren sich wiederum viele andere räuberisch lebende Tierarten, wie Laufkäfer und Spinnen. Und wo es reichlich Insekten gibt, finden zahlreiche Vogelarten ein Auskommen.

Je älter Eichen werden, desto rissiger wird ihre Rinde und desto lichter ihre Kronen. Das schafft wiederum optimale Bedingungen für Flechten und Moose. Die „Aufsitzerpflanzen" ummanteln den Stamm und die Äste mancher Alteiche fast vollständig, was für die Gastgeberin aber völlig ungefährlich ist. Den Gästen bringt es jedoch große Vorteile, da sie dort – im Gegensatz zum Waldboden – nicht vom Herbstlaub bedeckt werden und viel mehr Licht erhalten.

Neben Buchen und Eichen gibt es noch mehr als 50 weitere Baumarten in unseren Wäldern. Zu den wichtigsten Nadelbäumen zählen Fichte, Tanne, Kiefer und Lärche, wobei Fichten und Lärchen von Natur aus nur im Hochgebirge vorkommen würden. Dagegen wächst die Kiefer von Natur aus auf sehr trockenen oder äußerst nassen Böden. Hier gelten die gleichen Zusammenhänge wie bei Buche und Eiche. Kiefern können auch auf normalen Böden wachsen, wenn sie vom Menschen entsprechend unterstützt und gefördert werden. Das kann man an vielen Orten Mitteleuropas beobachten.

Durch das Anpflanzen von Nadelbäumen außerhalb ihrer natürlichen Verbreitungsgebiete ergeben sich allerdings gravierende Probleme: Fein abgestimmte Beziehungsgefüge geraten durcheinander und verschiedene Insekten, wie

Sommer

Eine Eiche hat im Juni frische Blätter ausgetrieben. Diese Fähigkeit hilft ihr, den Schaden durch Insektenfraß an den Frühjahrsblättern in Grenzen zu halten.

Birken sind die widerstandsfähigsten Laubbäume, was Frost und Trockenheit anbelangt. Hier haben sie eine Waldlichtung besiedelt.

Sommer

« Zitterpappeln produzieren große Mengen von federleichten Samen, die vom Wind verweht werden.

«« Die wärmeliebende Vogelkirsche wächst oft an Waldrändern.

der Borkenkäfer an der Fichte, werden zur tödlichen Gefahr für ganze Wälder. Gleichermaßen können Stürme und Waldbrände innerhalb kürzester Zeit große Nadelholzbestände zerstören. Immer mehr setzt sich deshalb – vor allem in Anbetracht der Klimaerwärmung – die Erkenntnis durch, dass die einheimischen Laubbäume langfristig den Nadelbäumen vorzuziehen sind.

Zu den bekanntesten Laubbäumen zählen wir Birke, Ahorn, Esche, Erle und Linde. Doch auch Obstbäume, wie Kirsche, Birne, Apfel und die seltene Elsbeere, eine Verwandte der Eberesche, fühlen sich im mitteleuropäischen Wald wohl. Alle haben ganz spezielle Eigenschaften, wie etwa Schatten, Überschwemmungen, Wildverbiss oder extreme Trockenheit besonders gut zu ertragen.

Birke, Espe und Kiefer sind Pionierbaumarten, die immer dann die Vorherrschaft übernehmen, wenn Stürme, Waldbrände oder Lawinen einen größeren Waldbestand zerstört haben. Sie können große Mengen an Samen erzeugen, die durch den Wind großflächig verbreitet werden. Die daraus keimenden Bäumchen sind unempfindlich gegen Spätfröste und wachsen rasch in die Höhe. Dadurch entziehen sie sich schnell ihrer Konkurrenz – der Bodenvegetation. Erst im schützenden Schatten dieses Pionierwaldes siedeln sich erneut Buchen oder Eichen an. Die Übergänge sind jedoch sehr fließend, denn nichts geschieht streng schematisch in unseren Wäldern, sondern alles unterliegt einer schwer in Regeln fassbaren Vielfalt an Möglichkeiten.

Eine Rehmutter mit ihren beiden Kitzen im Uferbereich eines Waldteichs. Hier findet sie sehr nahrhafte Kräuter. Optimale Ernährung ist in der Aufzuchtzeit besonders wichtig, damit die Mutter ausreichend Milch für die Kitze bilden kann.

Sommer

Kinderstube Wald – Neues Leben überall

Nur selten ist es uns vergönnt, ein Rehkitz oder ein anderes Tierkind im Sommerwald zu entdecken. Dazu werden die Jungtiere einfach zu gut von ihren Eltern versteckt oder sind zu perfekt getarnt. Man kann nur wenige Meter an einem reglos am Waldboden liegenden Rehkitz vorbeilaufen, ohne es wahrzunehmen. Mit seinem gesprenkelten Fell verschmilzt es förmlich mit seiner Umgebung. Selbst Raubtiere und Hunde mit ihrem ausgeprägten Geruchssinn können die Reh- und Rotwildkitze kaum wittern, da sie so gut wie geruchlos sind.

Erscheint die Mutter zum Säugen, erwachen die Kleinen aus ihrer Erstarrung. Die nahrhafte Muttermilch lässt sie schnell heranwachsen. In der Regel bekommen Rehe zwei Kitze, die sie in den ersten Wochen zum Schutz vor Feinden getrennt voneinander ablegen. Im Alter von drei Wochen folgen Rehkitze bereits ihrer Mutter, weitere drei Monate werden sie gesäugt. Bis zum nächsten Frühjahr bleiben Ricke und Nachwuchs zusammen. In dieser Zeit lernen die Kleinen, wie sie auf Gefahren zu reagieren haben und wo sie am besten Futter finden.

Wildschweine weisen ein noch ausgeprägteres Familienleben auf: Weibchen und Jungtiere leben in Gruppen, den sogenannten Rotten, zusammen. Ein altes, erfahrenes Weibchen, die Leitbache, führt sie an. Zur Geburt ihrer Jungen sondern sich die einzelnen Bachen jedoch von ihrer Rotte ab und bauen aus Gras und Zweigen ein Nest: den Wurfkessel. Dort bringen sie bis zu zwölf Jungen auf die Welt. Nach etwa zwei Wochen, wenn die Beziehung zwischen Bache und Frischlingen gefestigt ist und die Jungen gut laufen können, verlassen sie den Wurfkessel und schließen sich wieder ihrer Rotte an. Die weiblichen Jungtiere bleiben

Ein wenige Tage altes Rehkitz. Es liegt bewegungslos am Waldboden und ist durch sein geflecktes Fell perfekt getarnt.

Junge Füchse sind sehr neugierig und verbringen viel Zeit beim Spiel mit den Geschwistern.

meist ihr ganzes Leben im Familienverbund bei ihrer Mutter und profitieren vom Wissen der erfahrenen Bachen. Die halberwachsenen Männchen dagegen werden vertrieben. Erst wenn sie zu starken Keilern herangereift sind, dürfen sie sich zur Paarungszeit erneut zu den Bachen gesellen, um für „frischen" Nachwuchs zu sorgen.

Im Gegensatz zu Nestflüchtern, wie Reh oder Wildschwein, gibt es viele Arten von Säugetieren, deren Junge blind und nackt geboren werden. Sie werden in Höhlen oder gut versteckten Nestern zur Welt gebracht, in denen sie ohne Störungen intensiv von den Muttertieren betreut werden können. Die Erdbaue von Füchsen und Dachsen sind hierfür ein Musterbeispiel: In ihnen ist der Nachwuchs optimal vor Feinden, Nässe und Kälte geschützt. Im Gegensatz zu Dachsen polstern Füchse ihre Wurfkessel nicht mit Gras und Moosen aus.

Da die Fuchsfähe in den ersten drei Wochen der Aufzucht die meiste Zeit bei ihren Jungen bleibt, sie wärmt und säugt, müssen sie nicht frieren. Verlässt die Fähe die Welpen einmal kurz, kuscheln sie sich eng aneinander, um sich gegenseitig warm zu halten. Im Normalfall versorgt das Männchen, der Fuchsrüde, seine Partnerin in der Anfangsphase der Jungenaufzucht mit Nahrung. Allerdings sind Fuchsfähen oftmals gezwungen, ihre Nachkömmlinge alleine aufzuziehen, da es nicht selten vorkommt, dass die Väter umkommen oder sich mit einer anderen Fähe verpaart haben.

Fuchswelpen entwickeln sich verhältnismäßig schnell: Im Alter von 14 Tagen öffnen sie zum ersten Mal ihre Augen, mit drei Wochen ist ihr Gebiss so weit entwickelt, dass sie bereits die von den Altfüchsen herbeigeschaffte Nahrung fressen können. Mit etwa einem Monat werden sie allmählich

Sommer

Wildschweinjunge verbringen ihre ersten Lebenswochen im Wurfkessel. Die Streifenmuster auf ihrem Fell machen sie schon auf geringe Distanz nahezu unsichtbar.

« Ein Eichhörnchen trägt ein Junges zu einem neuen Kobel.

«« Junge Erdmäuse in ihrem Nest

entwöhnt. Ab diesem Zeitpunkt sind die Welpen zunehmend auf sich selbst gestellt. Sie verbringen nun viele Stunden außerhalb des Baus, um ihre Umwelt zu erkunden und miteinander zu spielen.

Dieses Sozialspiel ist bei allen Säugetieren in unterschiedlicher Ausprägung zu beobachten. Es ist eine wichtige Vorbereitung für das spätere Leben der Jungtiere. Hier lernen sie, angeborene Verhaltensweisen zu trainieren und die Wirkung auf ihr Gegenüber einzuschätzen. Die meisten Bewegungsmuster, die bei der Nahrungssuche, bei Kämpfen mit Artgenossen oder bei der Fortpflanzung wichtig sind, werden auf diese Weise im Spiel geübt. Derart gerüstet, beginnt für die heranwachsenden Tierkinder bald der harte Überlebenskampf. Dies gilt vor allem für Arten, wie Mäuse, Siebenschläfer oder Marder, die relativ viele Nachkommen heranziehen, sich aber nicht lange um sie kümmern. Dadurch können diese Tierkinder kaum von den Erfahrungen ihrer Eltern profitieren. Sie werden leichter zur Beute ihrer Feinde oder ver-

---

Viele Tierkinder müssen sehr bald ohne die Hilfe der Eltern überleben.

---

hungern, weil sie kein eigenes Revier besetzen können. Die beträchtlichen Verluste werden jedoch durch entsprechend zahlreichen Nachwuchs ausgeglichen. Daher reagieren die einzelnen Populationen rasch auf günstige Nahrungsbedingungen mit starker Vermehrung und erhalten so ihre Art. Dann beginnt die natürliche Auslese von neuem. Nur die lebenstüchtigsten Tiere überleben und sichern den Fortbestand ihrer Art. ■

Sommer

Siebenschläfer – die großen Verwandten der Haselmaus – bekommen je Wurf meist vier bis sechs Junge, manchmal auch bis zu 11 Junge.

Bechsteinfledermäuse können im Rüttelflug auf der Stelle stehen und so Insekten von Blättern ablesen.

Sommer

Jäger im Dunkel des Waldes

Fledermäuse sind aus menschlicher Sicht fantastische „Hightech-Wesen". Durch ihre Fähigkeit, sich mithilfe von Ultraschall zu orientieren, können sie im Schutz der Nacht auf Nahrungssuche fliegen. Durch den Mund, bei manchen Arten auch durch die Nase, stoßen sie kurze, für uns meist nicht wahrnehmbare Töne in einer sehr hohen Frequenz aus. In diesen Sekundenbruchteilen – Fledermäuse können bis zu 200 Töne pro Sekunde aussenden – verschließt ein Muskel die Ohren der Fledermaus. So hören die Jäger der Nacht nicht ihre eigenen Rufe, sondern nur das Echo der reflektierten Schallwellen.

Die Auswertung des Echos ist eine weitere faszinierende Fähigkeit der Nachtjäger. Sie können die Zeit, die der Ton braucht, um zum Objekt und zurück zum Ohr zu gelangen, in Entfernung umsetzen. Gleichzeitig schätzen sie mit dem minimalen zeitlichen Unterschied, den ein Ton zum rechten oder linken Ohr benötigt, die Richtung des Objektes exakt ein. Je näher Fledermäuse einem Hindernis oder einer Beute sind, desto mehr Rufe stoßen sie aus, um ein möglichst genaues Sonarbild zu erhalten.

Aktiv fliegen können von allen Säugetieren nur die Fledermäuse. Ihre Flughäute sind zwischen Armen und Beinen aufgespannt, Hand- und Fingerknochen darin eingewachsen. Erst mit diesem ausgeklügelten „Mechanismus" können Fledermäuse ihre äußerst komplizierten Flugmanöver ausführen, die ihnen eine erfolgreiche Jagd auf fliegende Nachtinsekten garantieren. Und diese „tierischen Leckerbissen" gibt es gerade in unseren Wäldern in Hülle und Fülle! Aus diesem Grund ist

Porträt eines Braunen Langohrs

Die winzigen Mückenfledermäuse ziehen ihre Jungen in Kolonien auf, die mehrere hundert Tiere umfassen können. Sie nutzen dafür auch Buntspechthöhlen, die dann natürlich nur für eine kleinere Ansammlung von Tieren Platz bieten.

Sommer

die Hälfte der 24 einheimischen Fledermausarten im Wald anzutreffen. Dort finden sie in Baumhöhlen und Rindenspalten geeignete Unterkünfte für die Tagesruhe und zur Aufzucht ihres Nachwuchses.

Fledermäuse hängen während des Tages kopfüber in ihren Quartieren. In dieser Position werden sogar ihre ein bis zwei Jungen geboren. Sie kommen blind und nackt zur Welt, wiegen aber bereits ein Drittel ihres späteren Gewichts. Füße und Daumenkrallen sind von Geburt an gut entwickelt. Mit diesen klammern sich die Jungtiere sofort an ihre Mutter oder die Quartierwände. Die Jungtiere werden mit äußerst fetthaltiger Milch gesäugt. Damit die Weibchen diese in ausreichender Menge produzieren können, müssen sie jede Nacht auf Beutefang gehen. Um die Jungen nicht völlig schutzlos zurückzulassen, ziehen Fledermäuse ihre „Sprösslinge" immer in Gruppen, den sogenannten Wochenstuben, auf und gehen zeitversetzt auf Nahrungssuche. Ganz schön clever, denn mehrere Tiere wärmen die Unterkunft natürlich besser auf! In Schlechtwetterperioden gehen die Weibchen jedoch nicht auf Futtersuche, stattdessen schalten sowohl Jung- als auch Alttiere ihren Organismus auf Sparflamme, um möglichst

---

Fledermäuse schalten ihren Körper bei Futtermangel auf Sparflamme.

---

wenig Energie zu verbrauchen. Faszinierend, wie diese Säugetierfamilie schon lange vor uns erkannt hat, wie wichtig – und gleichzeitig gemütlich – Energiesparen sein kann. ■

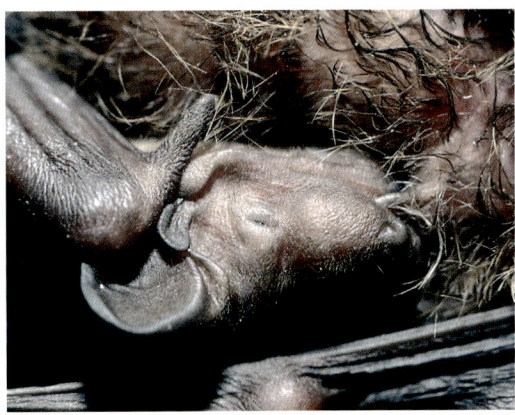

Ein Fledermausbaby wird gesäugt.

Ein Leben in der Vertikalen

Spechte und Bäume: Diese Kombination ist bis auf wenige Ausnahmen, wie etwa eine an Riesenkakteen lebende nordamerikanische Art, die Regel. An das Leben an Bäumen sind Spechte bestens angepasst. Ihre kräftigen Meißelschnäbel mit einem stoßdämpferähnlichen Mechanismus im Schädel befähigen sie, Holz mit kräftigen Hackstößen zu bearbeiten, um darin lebende Insektenlarven frei- oder Höhlen anzulegen.

Die Spechtzunge ist zum Tasten und Fangen gleichermaßen geeignet und kann dazu weit aus dem Schnabel gestreckt werden. An der verhornten Zungenspitze befinden sich Widerhaken, die mit einer klebrigen Drüsenflüssigkeit aus der Mundhöhle versorgt werden. Mithilfe dieses genialen „Werkzeugs" kann der Nahrung suchende

---
Meißelschnabel, Harpunenzunge und Kletterfüße sind die "Werkzeuge" der Spechte.

Specht das anstrengende Hacken auf ein Minimum reduzieren: Er muss sich nicht unmittelbar bis zu jeder einzelnen Larve vorarbeiten, sondern dringt bis zu einer Zungenlänge in die Fraßgänge vor und zieht deren „essbaren" Bewohner einfach mit der Zunge heraus. Für das aufrechte Klettern am Baumstamm haben Spechte einen Stützschwanz mit relativ starken, aber dennoch elastischen Federn sowie muskulöse Kletterfüße mit nadelspitzen Krallen.

Die Brutbiologie der Spechte weist viele interessante Details auf: Sie legen ihre Eier wie Eulen auf den nur mit Holzspänen gepolsterten Boden ihrer Bruthöhle. Die Brutzeit ist mit knapp zwei Wochen

Die nadelspitzen Krallen sind die „Steigeisen" der Spechte.

Sommer

Hier ist die Harpunenzunge des Schwarzspechtes deutlich zu sehen. Er kann sie aber noch viel weiter ausstrecken – etwa bis zu einer Schnabellänge.

« Schwarzspechtküken im Alter von einer Woche. Im Alter von zwei Wochen fangen die Federn an zu wachsen.

«« Die Küken wachsen sehr schnell heran.

««« Schwarzspecht füttert frisch geschlüpftes Küken.

ungewöhnlich kurz. Während der Brutphase wechseln sich die Partner regelmäßig ab und begegnen sich dazu ausgesprochen höflich: Erst wenn der ankommende Specht am Höhleneingang gegen den Stamm klopft, verlässt sein Partner die Höhle und gibt den Platz frei. Bei den Schwarzspechten übernimmt das Männchen sogar den größeren Anteil am Brutgeschäft. Es brütet die ganze Nacht und einen Teil des Tages.

In der ersten Lebenswoche müssen die völlig nackten Jungen sorgfältig gewärmt werden. Frisch geschlüpfte Spechtküken haben nicht die geringste Ähnlichkeit mit ihren Eltern: Sie gleichen eher Embryos, die zu früh auf die Welt gekommen sind. Gerade einmal neun Gramm wiegt ein federloses Schwarzspechtküken bei seiner Geburt, nach fünf Tagen aber bereits das Zehnfache. Die winzigen Küken werden von den Altvögeln mit ihren großen Schnäbeln mit Nahrung versorgt: Dazu klettert der fütternde Altvogel kopfüber in die Höhle und weckt die meist schlafenden Jungen, indem er den empfindlichen Tastwulst am Schnabelwinkel berührt. Daraufhin streckt der Spross seinen Hals und pendelt so lange mit geöffneten Schnabel hin und her, bis er den Schnabel des Altvogels zu fassen bekommt. Jetzt würgt der Altvogel den Futterbrei aus seinem Kropf hervor. Sein mächtiger Schnabel dient ihm hierbei als Trichter, mit dem er den Küken den Nahrungsbrei gut verabreichen kann.

Bald müssen beide Eltern auf Nahrungssuche gehen, um den zunehmenden Hunger der Jungen zu stillen. Dann wärmt sich der Nachwuchs in der dunklen Höhle gegenseitig, indem sie sich zu einer sogenannten Wärmepyramide zusammenkuscheln. Nach nur 18 Tagen haben Schwarzspechtjunge ihr ungefähres Endgewicht von

Sommer

Die jungen Schwarzspechte werden in den Tagen vor dem Ausfliegen nur noch selten von den Altvögeln gefüttert, um sie aus der Höhle zu locken.

« Mittelspecht füttert fast flügges Junge.

«« Kleinspecht landet mit Futter an seiner Bruthöhle.

260 Gramm erreicht, sind jedoch noch nicht ganz ausgewachsen. Im Alter von vier Wochen verlässt der Schwarzspecht-Nachwuchs die Höhle, wird aber von den Eltern noch eine Weile geführt und mit Nahrung versorgt. Die Entwicklung der kleinen Schwarzspechte steht hier stellvertretend für alle Spechtarten, wobei kleinere Spechtarten eine noch kürzere Nestlingszeit aufweisen.

Bis zu sechs verschiedene Spechtarten

leben in unseren Laubwäldern. Die Spannbreite reicht vom nur sperlingsgroßen Klein- bis zum krähengroßen Schwarzspecht. Jede einzelne Art besetzt in dieser Lebensgemeinschaft eine ökologische Nische. So ernährt sich etwa der Kleinspecht den Sommer über ähnlich wie die Meise, indem er Raupen von Ästen und Blättern absammelt. Genauso kommt der Buntspecht zu seinem Futter, wobei er, im Gegensatz zum leichten Kleinspecht, nicht im äußersten Zweigbereich suchen kann, da er dafür zu schwer ist. Beide sind also den Sommer über Sammelspechte. Mittelspechte hingegen suchen in den Ritzen von Eichen oder Altbuchen nach versteckten Insekten – damit zählen sie zu den Stocherspechten. Der Schwarzspecht zerhackt morsches Holz, um die darin lebenden Käferlarven zu erbeuten – ist also ein Hackspecht. Allerdings ernährt sich der Schwarzspecht im Sommer auch gerne von Ameisen, die er sehr einfach an Ameisenbauen erbeutet. Theoretisch ist der Begriff der ökologischen Nische sehr eingängig, weil damit die Planstelle einer Tierart im Ökosystem Wald scheinbar exakt beschrieben wird. In der Realität gibt es aber erhebliche Überschneidungen. So überlappt sich die Nahrungswahl der verschiedenen Spechtarten oftmals sehr deutlich und variiert selbst innerhalb einer Art je nach Lebensraum und Jahreszeit sehr stark.

Sommer

Morsche Birken sind beliebte Höhlenbäume von Klein- und Mittelspecht.

Der gefiederte Vogelschreck

Wer den kleinsten Greifvogel unsere Wälder beobachten oder, besser gesagt, einen Blick auf ihn erhaschen will, muss auf die Alarmrufe der Singvögel hören. Das hohe, aufgeregte Ziepen ist ein „internationaler" Alarmruf, mit dem sich die verschiedenen Singvögel über das Herannahen ihres am meisten gefürchteten Luftfeindes informieren. Mit etwas Glück kann man in einem solchen Moment einen Sperber auf seinem Jagdflug erspähen. Vor allem das kleinere Männchen ist ein äußerst wendiger Jäger, der in atemberaubenden Flugmanövern Singvögel erbeutet. Mal jagt der „Vogelschreck" von einer Ansitzwarte aus, ein andermal streicht er knapp über den Boden dahin, um einen Singvogel aufzuschrecken und ihn in der Luft mit seinen extrem spitzen Krallen zu packen.

Sperbermännchen rupft Beute

Während der Brutzeit sind Sperberweibchen auf die Jagdkünste ihrer Partner angewiesen, denn bei Familie Sperber herrscht strikte Aufgabenteilung. Bereits während der Phase des Nestbaus wird das Weibchen vom Männchen mit Nahrung versorgt. Dafür beteiligt sich der Terzel (Terz = ein Drittel – damit wird der Größenunterschied zwischen Männchen und Weibchen ausgedrückt) nur sporadisch am Nestbau.

Das Bebrüten der Eier übernimmt das Weibchen. In dieser Zeit bringt der Terzel Futter in Horstnähe und übergibt es am Rupfplatz. Wenn nach fast fünf Wochen Brutzeit die Jungen schlüpfen, betreut sie das Weibchen in der ersten Zeit rund um die Uhr. Das Männchen geht für seine Familie weiterhin auf Jagd. Die Mutter portioniert die Beute und verfüttert sie in kleinen Bissen an ihre Küken. Da die Kleinen anfangs noch sehr kälteempfindlich sind, schützt der Altvogel sie vor Regen, indem er sie in seinem Brustgefieder trocken und warm hält. Bei zu starker Sonneneinstrahlung breitet das Weibchen seine Schwingen aus und spendet ihnen so wohltuenden Schatten. Die wehrlosen Küken müssen zudem vor Feinden

Sommer

Sperberweibchen mit etwa zwei Wochen alten Küken. Es bewacht die Jungen vor Feinden, schützt sie vor Regen und Auskühlung und beschattet sie vor zu viel Sonneneinstrahlung.

« Wenige Tage alte Küken

«« Fast flügger Jungvogel beim Flugtraining

– insbesondere vor anderen Greifvögeln – behütet werden. Kommt etwa ein Bussard oder Habicht in die Nähe des Nestes, werden die Eindringlinge vom Sperberweibchen unerbittlich angegriffen und in die Flucht geschlagen. Nach drei Wochen wächst das Jugendgefieder, die Jungen werden selbstständiger und können Beutetiere bereits zerkleinern und allein verspeisen.

Nun jagt auch das Weibchen wieder, um den steigenden Nahrungsbedarf der Jungvögel zu decken. Mit zunehmendem Alter streitet der Nachwuchs immer erbitterter um die Beute. Nach über einem Monat verlässt die ganze Schar den Horst und folgt seinen Eltern. Wenige Wochen später müssen die Jungvögel bereits für sich selbst sorgen. Nun beginnt für sie eine gnadenlose Auslese, da sie innerhalb kurzer Zeit die Feinheiten des Jagens erlernen müssen. Nur die Hälfte der jungen Sperber meistert diese Herausforderung, viele verhungern oder werden zur Beute anderer Räuber. Es überleben im Normalfall jedoch genügend

---

Viele Jungsperber sterben bereits kurz nach dem Flüggewerden.

Jungtiere, um den Fortbestand der Art zu sichern. Problematisch wird es, wenn neue Gefahren hinzukommen. So standen Sperber bei uns vor fünf Jahrzehnten am Rande der Ausrottung, weil die Eier damals sehr dünnschalig waren und beim Brüten zerbrachen. Dies wurde durch Pflanzenschutzmittel verursacht, die sich in den Greifvögeln als Endglieder der Nahrungskette besonders stark anreicherten. Dieses Warnsignal aus der Tierwelt trug mit dazu bei, dass diese auch für uns sehr gefährlichen Gifte verboten wurden.

Sommer

Im Alter von vier Wochen haben die Jungvögel bereit einen Großteil ihres Daunengefieders verloren und ihr Jugendgefieder ausgebildet. Sporadisch verteilt das Weibchen noch die Nahrung, doch immer öfter müssen die Jungen jetzt ihre Beute selber zerteilen und sie vor den Geschwistern verteidigen.

Wald und Wasser
– eine fruchtbare Verbindung

Einen Sommerregen im Wald zu erleben, ist eine elementare Erfahrung. Sofort ändern sich die Farbtöne der Moose und Blätter, die Stämme der Rotbuchen werden dunkel-glänzend und ein würziger Geruch liegt in der Luft. Wasser, diese einfache chemische Verbindung, ist ein Grundbaustein des Lebens auf unserer Erde. Nur dort, wo es in ausreichendem Maße und regelmäßig regnet, können Wälder existieren. Bäume brauchen große Mengen von Wasser, um die Fotosynthese in ihren Blättern betreiben zu können.

Quellbäche nehmen nach starken Regenfällen viel Oberflächenwasser auf und führen dann ein Vielfaches ihrer normale Wassermenge.

Die Blätter und Nadeln der Bäume mit ihren in der Summe riesigen Oberflächen sind die Ursache dafür, dass etwa ein Drittel der Regenmenge schon im Kronendach wieder verdunstet. Erst wenn die Blätter flächendeckend mit Wasser benetzt sind, kann der Regen auf den Waldboden tropfen und in den Boden sickern. Dort „saugt" sich der Boden zunächst einmal voll, indem sich Wasser in seine winzigen Poren einlagert. Dieses Haftwasser, wie man es auch in den Maschen eines Siebes beobachten kann, nehmen die Bäume über ihre Wurzeln auf. Ist die Aufnahmekapazität des Bodens erschöpft, sickert das überschüssige Wasser weiter in die Tiefe, bis es auf eine wasserstauende Schicht aus Ton oder Fels stößt und so zu Grundwasser wird. Diese Schichten treten an Hängen oder in Taleinschnitten zusammen mit dem Wasser als Quelle wieder an die Oberfläche.

Quellen gibt es in sehr verschiedenen Erscheinungsformen: Auffällige Fließ- und Fallquellen, wie sie vor allem in Gebirgen anzutreffen sind, entsprechen am ehesten der allgemeinen Vorstellung.

Sommer

Stille Waldteiche sind ganz besondere Orte in unseren Wäldern.

Da im Wald nicht gedüngt und gespritzt wird, ist das Wasser von Waldbächen klar und sehr sauber. Auch im Sommer bleibt es sehr kühl.

Sommer

Unauffällige Tümpel- und Sickerquellen nehmen wir meist nur als feuchte, morastige Stellen im Wald wahr.

Quellen führen das ganze Jahr über Wasser mit fast der gleichen Temperatur und frieren selbst im kältesten Winter nie vollständig zu. Sie stellen ein Kleinstbiotop für extreme Spezialisten dar: In ihnen leben sogenannte Eiszeit-Relikte. Das sind Tier- und Pflanzenarten, wie der Alpenstrudelwurm oder die Quellschnecke, die während der Eiszeiten weitverbreitet waren, heute aber nur noch im kühlen Quellwasser entsprechende Lebensbedingungen vorfinden. Dieses Wasser ist äußerst sauerstoffarm, sodass darin keine Fische leben können – was aus der Sicht des Feuersalamanders ein echter Glücksfall ist! So entwickeln sich seine Larven unbehelligt von Raubfischen, wie der Bachforelle. Je kälter und nährstoffärmer das Quellwasser ist, desto länger brauchen die Larven für ihre Entwicklung – im Extremfall bis zu zwei Jahre. In dieser Zeit ernähren sie sich von Kleinkrebsen und winzigen Insektenlarven.

Aus dem ablaufenden Wasser benachbarter Quellen bilden sich allmählich kleine Bäche, die im Wald oft noch ihren ursprünglichen Verlauf aufweisen. An ihren Ufern wachsen Erlen, Eschen und Weiden – Baumarten, die auch mit einem Zuviel an Wasser gut auskommen können. Mit zunehmender Wasserführung und höherem Sauerstoffgehalt werden Waldbäche von einer Vielzahl von Kleinlebewesen und Fischarten, wie der Bachforelle besiedelt. Nun hält der Bach auch Nahrung für den seltenen Fischotter, den Schwarzstorch und den Eisvogel bereit.

Der Feuersalamander braucht fischfreie Quellbäche für seine Entwicklung.

« Biber sind durch ihren flachen Körperbau sehr gut an das Leben im Wasser angepasst.

«« Biberdamm an einem kleinen Waldbach

Der Biber wird mancherorts, wie z.B. im Spessart, an solchen kleinen Waldbächen wieder seßhaft. Dies gelingt ihm vor allem dort, wo die Bäche in breiten Tälern fließen. Dort staut er sie durch den Bau eines Dammes auf und schafft sich dadurch kleine, flache Teiche. Durch ständige An- und Umbauten am Damm wird der Wasserstand des Biberteiches konstant gehalten. Dieses Verhalten dient dazu, dass die im Teich errichtete Biberburg nur unter Wasser zu erreichen und somit die Biberfamilie gut vor Feinden geschützt ist. An den Verlandungszonen dieser „Anlagen" – man könnte fast von Bibergärten sprechen – wachsen verschiedene Hochstauden wie Mädesüß, Blutweiderich und Rohrkolben. Sie sind die Hauptnahrung des Bibers während der Sommermonate.

Durch das Anstauen des Wassers sterben Bäume ab und der ursprüngliche Wald verlichtet zunehmend. Die „Fällaktionen" der Biber für Dammbau und Winternahrung verstärken diese Entwicklung zusätzlich. Im Laufe von mehreren Jahren wächst eine üppige Vegetation im Bereich

---

Der Biber schafft sich seinen eigenen „Wassergarten".

---

des Biberteichs heran. Es entsteht eine Lichtung im Wald mit stehendem und liegendem Totholz sowie reichem Insektenleben im und über dem Wasser.

Libellen, Frösche und viele andere Arten, die im Wald nicht leben könnten, haben nun einen geeigneten Lebensraum. Ihnen folgen Räuber wie Ringelnatter und Iltis. Natürlich sind diese „Oasen" auch für einige tierische Waldbewohner ausgesprochen nützlich: Hier finden Reh, Hirsch und

Sommer

In den nassen Uferbereichen von Biberteichen wachsen verschiedene Stauden, wie Blutweiderich und Mädesüß, sehr üppig. Von ihnen ernähren sich die Biber während des Sommers.

In einem verlandeten Biberteich wächst eine üppige Staudenvegetation aus Rohrkolben und Blutweiderich. Allerdings beginnen Weidenbüsche bereits, die Lichtung wieder zu schließen.

Sommer

« Libellen und
«« Ringelnattern sind Nutznießer von Biberteichen und deren Verlandungszonen.

Wildschwein bestes Futter und ausreichend Tränke, hier gehen Habicht und Sperber auf die Jagd und nutzen den Vogelreichtum wie einen „reich gedeckten Tisch".

Biber wechseln von Zeit zu Zeit den Bachabschnitt und bauen neue Dämme. Ohne regelmäßige Wartung verliert der alte Damm schnell seine Funktion: Der Teich läuft aus und es bleibt eine Schlickfläche zurück, die mit einem gedüngten Feld vergleichbar ist: Hier siedeln sich Pflanzen an, die im üppigen Ufersaum keine Chance zum Wachsen hätten. Auch die Erle mit ihren winzigen Samen ist auf solche unbewachsenen Flächen angewiesen, um sich zu vermehren. Die Aktivitäten der Biber entlang der Fließgewässer sind ein wichtiger Beitrag für den Hochwasserschutz in unserer dicht besiedelten Landschaft. Je mehr und je länger Wasser bereits in den Oberläufen der Flüsse zurückgehalten wird, desto geringer ist die Überschwemmungsgefahr an den Unterläufen. Ganz wesentlich könnten Auwälder längs der großen Flüsse dazu beisteuern, doch sie sind in Mitteleuropa leider weitgehend verschwunden. Auwälder werden alljährlich überschwemmt und mit

---

Auwälder sind die artenreichsten und üppigsten Wälder Mitteleuropas.

---

dem Schlamm, den das Wasser mitführt, gedüngt. Weite Teile unterliegen durch Abtragungen und Anschwemmungen einer ständigen Veränderung. Durch diese Dynamik gehören Auwälder zu den artenreichsten und wuchskräftigsten Waldtypen Mitteleuropas, deren Reste unseren uneingeschränkten Schutz genießen sollten!

Heimliche Fischer am Waldbach

Dürften Ornithologen einen Superstar unter den Waldvögeln küren, dann fiele die Wahl wohl auf den Schwarzstorch. Die unvergleichliche Eleganz und das fast schon unwirklich anmutende Rot von Beinen und Schnäbeln der Altvögel üben eine besondere Faszination aus. Nur wenigen Naturbeobachtern ist der Anblick eines fischenden Schwarzstorches an einem idyllischen Waldbach vergönnt, denn er ist selten und scheu. Diese „Schwarzfischer" wurden über Jahrhunderte hinweg als Nahrungskonkurrenten vom Menschen verfolgt. Erst in den vergangenen 20 Jahren hat sich diese Storchenart wieder ausgebreitet. Heute ziehen schätzungsweise mehr als 400 Brutpaare jedes Jahr ihre Jungen in Deutschland auf.

Schwarzstörche sind Zugvögel, die in Spanien, Nordafrika oder in Israel überwintern. Anfang April kommen sie in ihre Brutreviere zurück und beginnen, einen Horst anzulegen oder einen bereits bestehenden auszubessern. Bei der Wahl des Nistbaumes sind die Störche sehr wählerisch. Er muss eine weit ausladende Krone mit einer geeigneten Gabelung aufweisen, damit der voluminöse Horst sturmsicher gebaut werden kann. Zudem muss in der unmittelbaren Umgebung des Nestes Wasser verfügbar sein, um die Jungen an heißen Sommertagen zu tränken und zu kühlen.

Der Horst stellt den Mittelpunkt des Sommer-Lebensraumes der Schwarzstörche dar. Von dort aus starten sie zu ihren Fischzügen. Bis zu 20 km entfernte kleine Bäche und Tümpel suchen sie im energiesparenden Segelflug auf, um dort Fische und Amphibien zu erbeuten.

Ein Schwarzstorch sucht an einem Waldbach nach Nahrung.

Sommer

Schwarzstörche bauen auch während der Jungenaufzucht an ihrem Horst. Hier bringt ein Altvogel einen Ast mit, um ihn am Nestrand einzubauen.

Acht Wochen alte Jungstörche warten auf Futter. In diesem Alter verbringen sie die meiste Zeit des Tages mit dem Warten auf die nächste Fütterung, der Gefiederpflege und mit Flugübungen.

Sommer

Schwarzstörche besitzen eine Flügelspannweite von etwa 1,8 Metern. Die großen Flügel erfordern eine gut trainierte Flugmuskulatur.

Bei Schwarzstörchen herrscht eine ähnliche Gleichberechtigung wie bei Singvögeln und Spechten: Nach der Eiablage brüten beide Altvögel fünf Wochen lang abwechselnd die Eier. In dieser Zeit trotzen die Altvögel Hagelstürmen, brütender Hitze und Kälteeinbrüchen. Nach dem Schlupf be-

---

Schwarzstorcheltern müssen sich sehr lange um ihren Nachwuchs kümmern.

---

treuen beide Eltern ihre Küken abwechselnd, denn sie sind anfangs genauso hilflos wie alle anderen Nesthocker. Allerdings dauert bei den Schwarzstörchen die Jugendentwicklung besonders lange: Allein vier Wochen lang benötigen die Küken eine Rund-um-die-Uhr-Betreuung. Erst dann können beide Altvögel gleichzeitig auf Nahrungssuche gehen. Wenn ein Elternteil zur Fütterung der halb-

wüchsigen Jungen zurückkehrt, ertönen bereits vor dessen Landung die krächzend-schnatternden Bettellaute. Diese verstummen nicht eher, bis der Altvogel die Nahrung aus seinem Kropf auf den Nestboden gewürgt hat und sich die Jungvögel auf die heißersehnte Kost stürzen. Mehr als zwei Monate benötigen die Jungvögel, bis sie flügge sind.

Gegen Ende der Nestlingszeit werden die Jungvögel immer unruhiger. Dann wagt der Erste seinen Jungfernflug. Im Abstand von mehreren Tagen folgen die Geschwister. Erstaunlich ist, dass die Jungstörche mitsamt den Eltern noch einige Zeit für die Nacht zum Horst zurückkehren und der Nachwuchs das schwierige Anflugmanöver sofort beherrscht. Familie Schwarzstorch bleibt auch in den folgenden Wochen zusammen, sucht an Gewässern und auf Wiesen nach Nahrung und zieht im Spätsommer in Richtung Süden.

Fruchtkörper des Schwefelporlings wachsen an einer abgestorbenen Kirsche.
Das feine Pilzgeflecht im Inneren des Stammes zersetzt das Holz.
Die Fruchtkörper bilden Sporen, mit denen sich der Pilz vermehrt.

Sommer

Legionen in der Tiefe des Waldes

Holz ist der Stoff, aus dem Bäume zum weitaus größten Teil bestehen. In diesem Material ist in beachtlichem Umfang Sonnenenergie als Ergebnis der Fotosynthese gespeichert. Dem Baum dient das Holz aber nicht als Energiespeicher, sondern vielmehr als „Gerüst" für seine Blätter. Zudem werden in Teilen des Holzes Wasser und Mineralsalze zu den Blättern geleitet. Der Stamm trägt die Äste, die sich immer weiter verzweigen, um das Blätterdach über andere Lichtkonkurrenten breitflächig auszubreiten und möglichst viel Sonnenlicht einzufangen. Die Wurzeln der Bäume bestehen aus besonders zähem Holz, das sogar den immensen Kräften trotzt, die bei einem Sturm am Stamm eines Baumriesen wirken und ihn andernfalls zu Fall bringen würden.

In einer 150 Jahre alten Buche ist in etwa so viel Energie gespeichert wie in 1500 Litern Heizöl. Ein solch riesiger Vorrat übt auf eine ganze Reihe von Lebewesen, die keine Fotosynthese betreiben können, eine hohe Anziehungskraft aus. Unter den Pflanzen sind das die Holz abbauenden Pilzarten: Sie versuchen, wann immer möglich, ins Innere des Stammes vorzudringen. Dies gelingt ihnen nur dann, wenn zuvor die schützende Rinde durch den Fraß von Tieren, abbrechende Äste oder andere Ereignisse verletzt wurde. Durch den Pilzbefall wird das Holz nach und nach morsch, ein Abbau, der mit einem allmählichen Verbrennen zu vergleichen ist.

Nicht nur Pilze, sondern auch eine unüberschaubare Zahl von Tierarten ernähren sich von Holz. Allen voran sind das die Larven verschiedener Käfer: Fast ein Drittel der über 4600 in unseren Wäldern heimischen Käferarten ist auf absterbendes oder totes Holz als Nahrungsgrundlage angewiesen. Meist sind sie auf gewisse „Sorten" und einen bestimmten Zersetzungsgrad spezialisiert. Manche Arten können aber auch völlig gesundes Holz befallen. Allerdings ist der Baum in diesem Fall

Goldschirmlinge an einem Buchenstamm

« Larve eines Bockkäfers

«« Rindenwanzen „stehlen" ihre Nahrung von Pilzen.

durch Trockenheit oder andere Gegebenheiten bereits geschwächt und kann sich nicht mehr durch verstärkten Saft- oder Harzfluss gegen die Eindringlinge wehren.

Holz bewohnende Käferlarven fressen Gänge in das Holz und raspeln es klein. Dabei spielen Pilze und Bakterien erneut eine entscheidende Rolle, da nur sie in der Lage sind, Holz zu zersetzen. Deshalb haben viele Larven Pilze im Darm, die diese Aufgabe übernehmen und die Nahrung für ihre Wirte aufbereiten. Als Gegenleistung wohnen die Pilze ganz geschützt im Darm der Larven und bekommen ihr Futter „frei Haus" geliefert.

Andere Käfer züchten Pilze an den Wänden ihrer Gänge und weiden diese ab. Eine ähnliche Ernährungsweise legen die unscheinbaren Rindenwanzen an den Tag: Sie saugen ihre Nahrung aus dem Geflecht von Holz abbauenden Pilzen. Die Fruchtkörper der Pilze bestehen aus einem hohen Wasseranteil sowie Kohlehydraten und Eiweiß – zwei auch für Menschen äußerst wichtige, energiereiche Ernährungsbausteine. Diese „vorkonzentrierte" Kost wird von diversen Käferlarven und Fliegenmaden genutzt: Bei genauer Betrachtung lassen sich die Fraßgänge an den Fruchtkörpern der Pilze entdecken.

Neben Holz und Pilzen haben sich die Käfer und deren Larven nahezu alle denkbaren Nahrungsquellen im Wald erschlossen. Sie ernähren sich von Blättern, Knospen oder Samen. Einige Arten, wie die weitverbreiteten metallisch blau schillernden Mistkäfer oder die Totengräber, sind wenig wählerisch und fressen alte Pilze, Aas und Kot. Die Kadaver von Säugetieren und Vögeln sowie deren Kot stellen für sie eine hoch konzentrierte

Sommer

Der bissige Zangenbock sieht wie ein außerirdisches Wesen aus.
Seine Larven entwickeln sich im abgestorbenen Laubholz.
Als erwachsener Käfer ernährt er sich von Blütenpollen.

Eine Ansammlung von Mistkäfern frisst an einem Pilz.

Sommer

Speise dar, die ein rasches Larvenwachstum ermöglicht. Dazu muss die wertvolle „Beute" aber erst einmal vor Konkurrenten, wie Schmeißfliegen und anderen Aas- bzw. Kotverwertern, in Sicherheit gebracht werden. Um die Schmeißfliegen abzuwehren, haben sich die Käfer mit Milben ver-

---
Die Weibchen der Totengräber sind fürsorgliche Mütter.

---

bündet, die sie an ihrem Körper „beherbergen". Die Milben fressen die Eier der Fliegen und garantieren so, dass die Kadaver bzw. der Kot den Käferlarven vorbehalten bleiben. Zudem graben Mistkäferpaare unterirdische Gänge, in denen sie einen Vorrat für ihre künftigen Larven anlegen. Totengräber verscharren kleinere tote Tiere, wie Mäuse, und formen sie zu einer Nahrungskugel um. In unmittelbarer Nähe des „Proviants" legt das Weibchen seine Eier ab. Nach wenigen Tagen schlüpfen die Larven und werden vom Weibchen mit dem Inhalt der Nahrungskugel gefüttert.

Eine Vielzahl von Käferarten führt ein räuberisches Leben. Sie stellen verschiedensten Beutetieren mit unterschiedlichsten Jagdtechniken nach. Zu den geschicktesten Räubern zählen die meisten Laufkäfer, die an ihrem schlanken Körperbau und ihren kräftigen Zangen leicht zu erkennen sind. Sie jagen Schnecken, Würmer, Spinnen, Ameisen und Blattläuse, aber auch Schmetterlingsraupen oder andere Käfer. Ihr Jagdrevier erstreckt sich über alle Stockwerke des Waldes. Die Larven der Laufkäfer dagegen leben meist am Waldboden.

Ein Totengräber beginnt eine Maus zu vergraben.

« Fertig entwickelter Lederlaufkäfer. Die großen Kieferzangen weisen auf seine räuberische Lebensweise hin.

«« Larve des Lederlaufkäfers

Dort lauern sie Kleinlebewesen auf, die sie mit ihren, den Altkäfern schon sehr ähnlichen Beißwerkzeugen, erbeuten. Ein besondere Jagdstrategie haben die Larven der Sandlaufkäfer entwickelt von denen einige Arten auch im Wald leben: Sie graben Erdröhren, an deren Eingang sie auf Beute lauern. Damit sie von ihren Opfern nicht aus ihrer Behausung herausgezogen werden können, besitzen die Larven sogenannte Stützhaken, mit denen sie sich fest in ihren Röhren verankern.

Trichterspinnen jagen auf eine ähnliche Weise wie die Larven der Sandlaufkäfer. Sie spinnen am Waldboden röhrenförmige Gespinste mit einem netzartigen Teppich davor. Sobald ein Beutetier auf den Netzteppich fällt, schießt die Spinne aus der Röhre hervor und tötet sie mit einem Giftbiss. Zugleich bietet die nach hinten offene Röhre der Spinne Zuflucht vor einem Angreifer. Die Weibchen mancher Trichterspinnen sind sehr fürsorglich. Bis zu ihrem Tod leben sie mit ihrem Nachwuchs zusammen und versorgen die bettelnden Jungspinnen mit Nahrung.

Nicht alle Spinnen jagen mit Netzen oder Gespinsten, wie es Kreuzspinnen und Radnetz- oder Baldachinspinnen tun: Krabben-, Lauf und Springspinnen überwältigen ihre Beute ohne Hilfsmittel. Dabei unterscheiden sich die Jagdtechniken sehr stark: Krabbenspinnen sind geduldige Ansitzjäger, deren Körperfärbungen perfekt an ihre Umgebung angepasst sind. Laufspinnen spurten mit ihren besonders langen Beinen ihrer Beute einfach hinterher, während Springspinnen sich wie ein Luchs anschleichen und mit einem Riesensatz ihre Opfer überwältigen. Spinnen gehören zusammen mit den Insekten zum Tierstamm der Gliederfüßler, der mit Abstand der artenreichste ist.

Sommer

Die Flachstrecker-Spinne lauert mit flach ausgebreiteten Beinen auf ihre Beute. Wenn ein Beutetier in ihre Nähe kommt, schlägt sie blitzschnell zu.

Eine Grabwespe am Eingang ihrer Brutröhre, einem ehemaligen Fraßgang einer Käferlarve. In dem Gang deponiert sie erbeutete Schwebfliegen, die sie mit einem Stich betäubt hat. An der Beute legt sie ein Ei ab. Die daraus schlüpfende Larve ernährt sich von dem so konservierten Opfer.

Sommer

Die Artenzahl von Kleinlebewesen im Wald ist überwältigend. Beschäftigt man sich intensiv mit einer Gruppe, so kann man über viele ihrer Verhaltensweisen nur noch staunen. Grabwespen nutzen beispielsweise die Gänge von Käferlarven zum Anlegen ihrer Nester. Sie sind geschickte Jäger, die sich an Blüten auf die Lauer legen, um dort vor allem Schwebfliegen zu erbeuten. Wenn sie ihr Opfer mit ihren kräftigen Zangen gepackt haben, wird es mit einem Stich gelähmt und damit lebendig konserviert. Im Flug transportiert die Grabwespe dann ihre Beute in das Nest. Dort legt sie ein Ei an der betäubten Schwebfliege ab. Schlüpft die Larve aus dem Ei, beginnt sie, den ihr zugedachten Vorrat aufzufressen. Anschließend verpuppt sie sich und beginnt im darauffolgenden Jahr als Grabwespe ihr Leben, um aufs Neue den Fortbestand ihrer Art durch dieses faszinierende Verhalten zu sichern.

Die vielfältigen Abhängigkeiten zwischen den verschiedenen Kleinlebewesen unserer Wälder führen oftmals zum Ausgangspunkt einer Betrachtung zurück: Die von Grabwespen erbeuteten Schwebfliegen ernähren sich vom Pollen verschiedener Blüten. Die Maden mancher Schwebfliegen leben dagegen in wassergefüllten Baumhöhlen und haben winzige Pilze und Bakterien, die sie aus dem Wasser filtern, auf ihrem Speisezettel. Damit sind wir wieder bei den Pilzen angelangt, deren Stellenwert für das Ökosystem Wald, ja für das gesamte Leben auf unserer Erde, genauso bedeutend ist wie die Existenz der grünen Pflanzen. Erst durch sie konnte sich die Vielfalt an Tierarten entwickeln – allen voran die Legionen von Insekten und anderer Kleinstlebewesen in all ihren verblüffenden Variationen.

Schwebfliegen saugen Nektar an der Blüte des Waldstorchschnabels.

Schmetterlingsraupen durchlaufen mehrere Entwicklungsstadien. Da ihre Haut nicht mitwächst, müssen sie sich in bestimmten Zeitabständen häuten, um weiterwachsen zu können. Während der einzelnen Larvenstadien können die Raupen ein sehr unterschiedliches Erscheinungsbild haben. So sieht die Jungraupe des Buchenspinners wie eine Ameise aus, während sie später eine völlig bizarre Gestalt (siehe Bild) annimmt. Der Kopf der Raupe befindet sich auf diesem Bild rechts. Man vermutet, dass sie durch dieses extravagante Aussehen in kein Beuteschema von Vögeln passt und so einfach von ihnen ignoriert wird.

Sommer

Sie tarnen und warnen und täuschen

Bei Schmetterlingen denkt man unweigerlich an so prächtige Falter wie das buntgefärbte Tagpfauenauge oder den leuchtend gelben Zitronenfalter. Dabei sind die meisten der 3000 bei uns heimischen Schmetterlingsarten eher klein und unauffällig. Ein Großteil davon zählt zu den schwer zu unterscheidenden Nachtfaltern. Sie werden in

---

Schmetterlinge sind eine überaus zahl- und artenreiche Insektengruppe.

Familien unterteilt, die so merkwürdige Namen wie „Spanner, Spinner oder Wickler" tragen. Diese Bezeichnungen sagen nichts über die Falter selbst aus, sondern deuten vielmehr auf die Lebensweise der Raupen hin. In diesem „kriechenden" Lebensstadium bewegen sie sich nur gemächlich fort. Gleichzeitig sind sie aber gerade während dieser Entwicklungsphase eine eiweißreiche und leicht verdauliche Nahrung zahlreicher Vogelarten oder räuberisch lebender Insekten. Aus diesem Grund haben die einzelnen Falterarten verblüffende Schutzmaßnahmen entwickelt: Einige Spinnerraupen besitzen Spinndrüsen, mithilfe derer sie Gespinste „weben", in denen sie einzeln oder in Gruppen Schutz vor Feinden finden.

Die starke Behaarung vieler Raupen hat sich als gute Feindabwehr bewährt. Die Haare mancher Arten sondern sogar Gift ab. Viele Raupen unterstreichen diese Giftigkeit mit einer auffälligen Färbung, einer sogenannten Warntracht. Andere verlassen sich dagegen auf eine perfekte Tarnung: Sie sind farblich so gut an ihre Futterpflanzen angepasst, dass sie regelrecht mit ihrer Umwelt verschmelzen. Dies ist beispielsweise bei den Span-

Raupe des Ringelspinners

Erst wenn der Eichenkarnim seine Flügel ausbreitet, wird das leuchtend-rote Band auf dem hinteren Flügelpaar sichtbar.

nerraupen der Fall. Sie tragen ihren Namen wegen ihrer ungewöhnlichen Fortbewegungsweise, dem abwechselnden Buckeln und Strecken, das sich am besten mit einem Menschen vergleichen lässt, der mit Händen und Füßen eine Stange hochklettert. Bei Gefahr verharren die Raupen reglos oder strecken sich gar wie ein Ästchen vom „echten" Ast weg und werden so für Feinde gänzlich unsichtbar.

Fertig entwickelte Falter kombinieren oft beide Methoden der Feindabwehr: So sind Nachtfalter, wie der Eichenkarmin, in Ruhestellung hervorragend getarnt. Auf den hinteren, erst beim Ausbreiten erkennbaren Flügeln, befindet sich ein leuchtend rotes Band. Kommt ihm ein Feind zu nahe, öffnet er blitzartig seine Flügel, um sein Gegenüber für einen kurzen Augenblick zu verwirren und mit diesem kleinen „Vorsprung" seine Überlebenschancen deutlich zu steigern.

Auffällig gefärbte Schmetterlinge, die tagaktiv sind, wie der an Waldrändern und kleinen Lichtungen lebende Kaisermantel, sind immer auf der Hut und reagieren sofort auf Bewegungen, indem sie schnell davon flattern. Sie sind aber auch in der Lage, ihre Sichtbarkeit deutlich zu verringern,

---

Schmetterlinge müssen sich sehr vieler natürlicher Feinde erwehren.

---

indem sie ihre Flügel zusammenklappen. Trotz aller ausgefeilten Techniken endet doch ein beträchtlicher Teil der Raupen und Falter in den Schnäbeln und Mäulern verschiedenster Waldbewohner, weil diese mit raffinierten Verhaltensweisen und feinsten Sinnen die Schutzmaßnahmen ihrer Opfer gekonnt unterlaufen.

Sommer

Der Kaisermantel ist einer unserer schönsten Waldschmetterlinge. Er sucht regelmäßig von der Sonne beschienene Ruheplätze auf, um sich aufzuwärmen. Dann wechselt er wieder zu den Blüten von Disteln und Wasserdost, um mit seinem langen Saugrüssel Nektar zu saugen.

Eine Hornissenarbeiterin im Anflug auf das Nest, das in einer ehemaligen Schwarzspechthöhle gebaut wurde. Jeder Ankömmling wird von Wächtern auf die Zugehörigkeit zum Volk überprüft.

Sommer

Brummende Jäger im lichten Wald

Hornissen verfügen über einen Giftstachel, der sie zu sehr wehrhaften Tieren macht. Das zeigen sie ihrer Umwelt durch ihr Aussehen an. Die schwarz-gelbe Färbung, die auch Bienen und Wespen haben, ist ein universelles Warnsignal, das Menschen und Tiere instinktiv erkennen. Daher haben einige Insekten, wie Schwebfliegen, mehrere Käfer- und Schmetterlingsarten sowie der Feuersalamander, diese auffällige Warntracht im Laufe der Evolution übernommen. Sie wollen ihren Feinden glauben machen, dass sie ebenso gefährlich wie Bienen und Wespen sind. Der Stich einer Hornisse ist entgegen landläufiger Meinung kaum schmerzhafter und gefährlicher als der einer Biene. Auch mehrere Stiche sind keinesfalls tödlich. Tatsächlich sind Hornissen sehr ängstliche Tiere, die, wann immer möglich, einer Konfrontation mit dem Menschen aus dem Weg gehen. Nur bei höchster Gefahr für sich oder ihr Volk machen sie von ihrem Stachel Gebrauch.

Der Lebenszyklus von Hornissen entspricht dem aller unserer staatenbildenden Wespenarten. Anders als bei den ebenfalls in Völkern lebenden Ameisen und Bienen überdauern nur die Königinnen den Winter. Wenn die Hornissenkönigin im späten Frühjahr ihr Winterquartier verlässt, macht sie sich zunächst auf die Suche nach einer geeigneten Höhle für ihr kunstvolles Nest. Dann zerraspelt sie mit ihren kräftigen Kieferzangen morsches Holz, speichelt es ein und baut daraus die ersten Brutwaben. Anschließend legt sie in jede Wabe ein Ei, aus dem nach etwa einer Woche eine Larve schlüpft. Die Königin selbst pflegt die frischgeschlüpften Larven und füttert sie mit einem Drüsensekret. Den steigenden Nahrungsbedarf ihrer hungrigen Nachkommen deckt sie mit eiweißreicher „Hackfleischkost": Dazu jagt sie Insekten aller

Die Hornissenkönigin betastet eine Larve. Daneben sind Waben mit Puppengespinsten zu sehen. Am unteren Bildrand befinden sich Eier in den Waben.

« Die Hornisse trennt das Brustteil ab, kaut es grob durch und fliegt damit zum Nest.

«« Hornisse mit erbeutetem Nachtfalter.

Art, die sie durch einen Genickbiss mit ihren kräftigen Kieferzangen tötet. Der nahrhafte Mittelteil der Beute wird grob durchgekaut und als kleines Bällchen zum Nest transportiert. Durch diese hochwertige Kost wachsen die Larven innerhalb von zwei Wochen schnell heran. Im Anschluss verpuppen sie sich in ihren Waben, nachdem sie die Öffnungen mit einem Seidengespinst verschlossen haben. Nun findet der faszinierende Vorgang der Metamorphose statt: Bei diesem Prozess, den auch Schmetterlinge und Käfer durchlaufen, löst sich die Larve zu einem Brei auf. Daraus entsteht wie durch einen Zauber – wissenschaftlich ist dieser Vorgang immer noch nicht ausreichend geklärt – das fertig entwickelte Insekt.

Im Hornissennest schlüpfen nach zwei Wochen „Puppenruhe" zunächst die Arbeiterinnen. Sie übernehmen mit zunehmender Zahl alle Aufgaben der Königin. Ab einer gewissen Volkstärke besteht deren einzige „Pflicht" darin, weitere Eier zu legen. Auf diese Weise können bis zum Spätsommer Hornissenvölker bis zu einer Stärke von 1000 Individuen heranwachsen. Dann herrscht Hochbetrieb am Nesteingang. Pausenlos kehren Arbeiterinnen mit Beute zurück und verlassen es mit Kot und Fraßresten. Jede ankommende Hornisse wird einer Geruchsprobe unterzogen und so auf ihre Zugehörigkeit zum Volk überprüft. Selbst nachts kommt der Flugverkehr nicht zum Erliegen, da Hornissen auch bei Dunkelheit erfolgreich jagen können. Im Spätsommer schlüpfen die Jungköniginnen und die männlichen Drohnen. Sie verlassen zusammen das Nest und paaren sich. Das Sperma wird im Körper der Jungköniginnen für die nächste Generation eingelagert. Nur so ist es möglich, dass sie im darauffolgenden Jahr, ganz allein auf sich gestellt, ein neues Volk gründen können.

Sommer

Die Arbeiterinnen der Hornissen ernähren sich von zuckerhaltigen Säften. Dazu nagen sie mit ihren Kieferzangen die Äste von Bäumen an, um sie zum „Bluten" zu bringen. Der aus dem verletzten Bast austretende Saft ist die Zuckerlösung, die in den Blättern durch Fotosynthese erzeugt wurde.

Von Räubern, Viehzüchtern und Sklavenhaltern

Menschen verstehen es meisterlich, Tiere in die Kategorien nützlich oder schädlich einzuteilen. Bei Ameisen können sich viele Leute nicht so recht entscheiden: Während Ameisen im Garten oder Haus als lästig und schädlich empfunden werden, gelten Waldameisen gar als „Gesundheitspolizisten", die dazu beitragen, dass der Wald nicht von den gierigen „Mäulern" unterschiedlichster Insekten aufgefressen wird. Dabei ist schon längst erwiesen, dass Ameisen bei Massenvermehrungen von Insekten keinen wesentlichen Beitrag zur Dezimierung leisten. Eine wertfreie Betrachtung dieser staatenbildenden „Krabbeltiere" ist jedoch nicht weniger spannend: Rote Waldameisen sind zweifellos eifrige Jäger, die Insekten aller Art erbeuten. Beutetiere, wie massenhaft vorkommende Schmetterlingsraupen, fallen ihnen natürlich häufiger zum Opfer. Aus dieser Beobachtung leitet man dann ab, dass sie der Schädlingsvermehrung entgegenwirken können. Dabei erbeuten sie diese erst verstärkt, wenn die Massenvermehrung bereits stattgefunden hat und eine deutliche Dezimierung gar nicht mehr möglich ist.

Für viele Ameisenarten ist, ähnlich wie bei den Hornissen, der Zuckersaft, den Pflanzen durch die Fotosynthese erzeugen, eine lebenswichtige Nahrungsquelle. Die Ameisen bedienen sich dazu der Hilfe von Blattläusen. Diese winzigen Insekten zapfen mit ihren Stechrüsseln die Leitungsbahnen der Pflanzen an. Damit erschließen sie sich Zucker im Überfluss. Das für das Wachstum so wichtige Eiweiß, welches sich Hornissen und Ameisen durch die Jagd auf Insekten beschaffen, ist aber in nur sehr geringen Maßen enthalten. Deshalb nehmen

Rote Waldameise in Abwehrstellung. Gleich wird sie Säure verspritzen!

Sommer

Rote Waldameisen transportieren Beute zum Nest. Größere Beutetiere, wie diese Raubfliege, werden gemeinschaftlich erbeutet und zum Nest gebracht.

« Roßameisen betreuen gräulich schimmernde Larven und elfenbeinfarbene Puppen.

«« Ameisen speichern in ihrem Körper Zuckersaft, den sie bei Bedarf an hungrige Nestmitglieder abgeben.

die kleinen Pflanzensauger große Mengen des Saftes auf und filtern die begehrten Eiweißstoffe heraus. Den überschüssigen Zuckersaft scheiden sie als sogenannten „Honigtau" aus. Nun nehmen

---

Blattläuse sind wichtige Zuckerlieferanten für viele Ameisen.

---

die Ameisen diese Absonderungen auf, ja, sie fordern sie regelrecht ein, indem sie den Hinterleib der Blattläuse mit ihren Fühlern betrommeln. Als Gegenleistung für die „aufwändige" Nahrungsaufbereitung schützen die Ameisen ihr „Vieh" vor Feinden. Die Entfernung des Honigtaus fördert zudem das Wohlbefinden der Blattläuse, die unter den Unmengen ihrer klebrigen Ausscheidungen sonst ersticken würden.

Die einzelnen Ameisenarten pflanzen sich auf verschiedene Weisen fort. Die einfachste ähnelt der von Hornissen, indem eine Ameisenkönigin allein ein neues Volk gründet. Bei Populationen mit mehreren Königinnen je Volk werden junge Königinnen nach dem Hochzeitsflug einfach in ein benachbartes Volk aufgenommen. Damit wird ein Gen-Austausch vollzogen, der für das langfristige Überleben einer Art notwendig ist. Die erstaunlichste Variante der Fortpflanzung unter den Ameisen können wir aber beobachten, wenn eine junge, begattete Königin in das Nest eines fremden Staates eindringt, dort die Königin tötet und sich wie auch ihre Brut von den Arbeiterinnen des „überfallenen" Volkes versorgen lässt. Im Laufe der Zeit werden die Sklaven-Ameisen dann durch Arbeiterinnen der eigenen Art ersetzt, was letztlich zum Verschwinden der ursprünglichen Population des eroberten Ameisenvolkes führt.

# Sommer

Eine Blutrote Raubameise hütet eine Kolonie von Blattläusen. Mit ihren Fühlern betrillert die Ameise ihr „Vieh" und regt sie dadurch zur Zuckerabgabe an.

Herbst

Die Zeit der Veränderung

Die efeubewachsenen Stämme der Hainbuchen und der Frühnebel zaubern eine ganz besondere Herbststimmung hervor.

Herbst

Die Zeit der Veränderung

Ursprünglich bedeutet Herbst „Zeit der Früchte, Zeit des Pflückens". Diese stark auf die Bedürfnisse der Menschen ausgerichtete Bezeichnung hat auch im Wald ihre Berechtigung. Dort reifen im Herbst die Früchte und Samen verschiedener Pflanzen heran: Mit ihren feuerroten Früchten macht nun die Vogelbeere deutlich auf sich aufmerksam. Die Samen von Ahorn und Hainbuche verfärben sich goldgelb und am Waldboden finden sich nach Regenperioden besonders viele schmackhafte Speisepilze. Während im Frühherbst noch die Farbe Grün im Wald vorherrscht, ändert sich das schlagartig nach ein paar Frostnächten. Jetzt nimmt das Laub eine goldgelbe Farbe an. Ahorn, Kirsche und Birke machen den Anfang. Mit der Verfärbung des Eichenlaubes beginnt dann der Spätherbst. Einen besonders farbenprächtigen Beitrag zur goldenen Jahreszeit leistet die Rotbuche.

Die typische Herbstfärbung entsteht durch den Rückzug wertvoller grüner Bestandteile aus den Blättern. Gelbliche und rötliche Inhaltsstoffe bleiben zurück und verursachen das optisch reizvolle Farbenspiel. Die Trennung der Blätter vom Baum erfolgt allmählich – es dürfen ja keine Eintrittspforten für Pilze an den Ästen entstehen. Erst, wenn diese Kontaktstellen gut verschlossen sind, trennen sich die Bäume von ihren „Minikraftwerken". Während an windstillen Tagen die Blätter einzeln zu Boden segeln, entsteht an stürmischen Tagen ein wahrer Regen aus bunten Blättern mit bezaubernden Pastelltönen, die sich schließlich am Waldboden wiederfinden.

Der Tau der Herbstnebel macht die Spinnennetze sichtbar.

Im Reich der Springschwänze, Saftkugler und Pseudoskorpione

Bis zu vier Tonnen Blätter fallen jedes Jahr im Herbst auf einen Hektar Waldboden. Dabei handelt es sich aber beileibe nicht um nutzlosen „Laub-Abfall", sondern um zukünftigen Dünger für alle Waldpflanzen. Dazu wird jedes Blatt – ähnlich wie bei der Holzzersetzung – in seine ursprünglichen Bestandteile zerlegt. Dafür ist eine unglaubliche Anzahl von Bakterien, Pilzen und Kleinstlebewesen im Boden verantwortlich. Hier stellt sich grundsätzlich die Frage: Was ist eigentlich Boden und wie ist er entstanden? In unvorstellbar langen Zeiträumen zerkleinern Regen, Frost und Hitze Gesteine; Flüsse und Gletscher zermahlen Felsen in immer kleinere Bestandteile: Es entstehen Sand und Ton. Wo die Verwitterung fortgeschritten ist, bildet sich eine mehr oder weniger tiefe Bodenschicht. Dort siedeln sich größere Pflanzen mit Wurzeln an, die für ihr Wachstum die Nährsalze aus dem Boden benötigen. Diese können sie nur in Wasser gelöst mit ihren Wurzeln aufnehmen. Dafür bilden die Pflanzen immer wieder aufs Neue winzige Wurzelhaare, die in der Lage sind, das von den Bodenmolekülen festgehaltene Wasser anzusaugen. Nur wenige Tage danach sterben sie ab. Bei ihrer Zersetzung entsteht Säure, die für eine weitere Bodenverwitterung und Freisetzung von Mineralsalzen sorgt.

Um diesen lebenswichtigen Vorgang zu optimieren, gehen Bäume häufig eine erstaunliche Verbindung mit Pilzen ein: Ein Pilzgeflecht über-

Die Fruchtkörper von Pilzen enthalten Sporen und dienen der Vermehrung.

Herbst

Der herbstliche Laubfall ist der Beginn eines faszinierenden Recycling-Vorganges. Pilze und Bakterien sowie eine Armada von Bodenlebewesen zerlegen den scheinbaren Abfall wieder in seine Ausgangsbestandteile.

wuchert die Feinwurzeln der „Wirtspflanze", deren Fähigkeit zur Wasseraufnahme sich dadurch entscheidend verbessert. Und was hat der Pilz davon? Hier stößt man wieder auf den zuckerhaltigen „Baumsaft" aus der Fotosynthese: Er wird ausgehend von den Blättern durch die Leitungsbahnen der Bastschicht bis in die kleinsten Wurzelspitzen verteilt. Von dem nahrhaften Baumprodukt bekommt auch das Pilzgeflecht einen kleinen Anteil ab. Diese spezielle Zweckgemeinschaft zum gegenseitigen Nutzen wird Mykorrhiza genannt. Wir sehen davon nur die Fruchtkörper der Pilze, die im Herbst aus dem Waldboden sprießen.

Springschwänze fressen Löcher in die Blätter.

Andere Pilze besitzen die Fähigkeit, organische Stoffe zu zersetzen oder – anders ausgedrückt – sie zu verbrennen und die daraus entstehende Energie für sich selbst zu nutzen. Das gelingt ihnen umso besser, je mehr Oberfläche sie mit ihrem Geflecht überziehen. Deshalb existiert bei der Zersetzung von abgestorbenen Blättern eine sehr stark ineinander verwobene „Arbeitsgemeinschaft" aus verschiedensten Bodentieren, Bakterien und Pilzen.

Als Erstes wird der „Biomüll" von winzigen Springschwänzen angeknabbert. Diese Urinsekten besitzen einen sehr beweglichen Gabelschwanz, mit dem sie bei Gefahr wie mit einer Sprungfeder davonschnellen können. Springschwänze ernähren sich von den leichter verdaulichen Bestandteilen der Blätter. Saftkugler und andere Asselarten setzen den sogenannten „Fensterfraß" fort. So erhöht sich die Fläche, auf der sich nun verstärkt Bakterien und Pilze ansiedeln. Dieser Vorgang kann bei den schwerer zersetzbaren Blättern von Eiche und Buche mehrere Jahre dauern. Deshalb findet man am Waldboden Blätterschichten mit unterschiedlichem Zersetzungsgrad. Ganz unten sind die kleinsten Teile zu finden. Sie bilden die Nahrungsgrundlage für den Regenwurm, der in erstaunlichen Mengen im Waldboden vorkommt: Ungefähr 1000 kg Regenwürmer besiedeln die Fläche eines Fußballfeldes. Sie erscheinen nachts an der Oberfläche und ziehen von anderen Organismen bereits zerkleinerte Pflanzenteile in ihre Gänge. Die Ganganlagen bieten optimale Bedingungen für die weitere „Verarbeitung", da Bakterien und Pilze ausreichend Feuchtigkeit und Sauerstoff für den

Herbst

Dieses Eichenblatt wurde von Bodenlebewesen angenagt. Leicht zersetzbare Teile fehlen bereits. Die stabileren Blattrippen sind noch nicht angegriffen. Innerhalb weniger Jahre wird auch dieses Blatt wieder in seine ursprünglichen Bestandteile zerlegt sein. Die freiwerdenden Mineralsalze können dann wieder von den Pflanzen aufgenommen werden.

« Abwehrstellung des Saftkuglers

«« Der Saftkugler frisst halbzersetzte Pflanzenreste.

Stoffabbau benötigen. Der Regenwurm speichelt den „erbeuteten" Pflanzenabfall ein, um das Bakterienwachstum zusätzlich anzuregen. Die aufgeweichten Reste frisst er zusammen mit Erde und Tierkot. Es folgen noch einige weitere Zersetzungsschritte, bevor ein Blatt wieder in seine ursprünglichen Bestandteile zerlegt wurde und der Nährstoffkreislauf von neuem beginnen kann.

Wo es so viele Pflanzenverwerter – sogenannte Primärzersetzer – gibt, lassen auch räuberisch lebende Tiere nicht lange auf sich warten: Ca. 100 Pseudoskorpione leben auf einem Quadratmeter Waldboden. Diese zwei bis vier Millimeter großen Spinnentiere machen Jagd auf die winzigen Springschwänze. Fast möchte man den Waldboden mit einer Mini-Serengeti vergleichen, in der Herden von Pflanzenfressern – dort Gnus und Zebras, hier Springschwänze und Asseln – durch eine Vielzahl von Räubern erbeutet werden.

Pseudoskorpione stehen in der Nahrungspyramide des Bodenlebens noch lange nicht an der Spitze. Sie selbst sind die „Leibspeise" der Steinläufer. Saftkugler – eine Asselart – schützen sich vor solchen Angriffen durch Zusammenrollen. Auf Spitzmäuse macht das allerdings keinen Eindruck: Sie machen mit den Saftkuglern – wie mit jedem unvorsichtigen Regenwurm – kurzen Prozess und verschlingen sie auch in „eingerolltem" Zustand. Jedes Stück Waldboden unter unseren Füßen ist somit eine quirlige Miniaturwelt mit unüberschaubar vielen Beziehungen und Abhängigkeiten, deren Feinheiten Forscher gerade erst zu enträtseln beginnen …

« Pseudoskorpion

 Herbst

Zu den Lieblingsspeisen der Waldspitzmäuse gehören Regenwürmer. Im Waldboden gibt es sie in großen Mengen. Allerdings müssen sie sich an der Oberfläche befinden, damit sie von den Spitzmäusen erbeutet werden können.

Der Herbstwald hält eine Vielzahl von Samen und Früchten für seine Bewohner bereit.

Herbst

Von tierischen Förstern und nächtlichen Dieben

Wenn im Herbst die Beeren und Samen reif sind, ist für viele Waldbewohner Nahrung im Überfluss vorhanden. Immer dann, wenn Eichen oder Buchen – meist im Abstand von drei bis fünf Jahren – sehr viele Samen ausbilden, fällt das Angebot besonders üppig aus. Nun gilt es, dieses „Geschenk der Bäume" bestmöglich zu nutzen! Die einfachste Methode: Die im Samen enthaltenen Kalorien in eigenes Fett umzuwandeln. Eine Strategie, die die großen Waldtiere, wie Wildschwein, Reh und Rothirsch, aber auch Dachs und Braunbär, anwenden. Mit diesem Energiespeicher überbrücken sie die nahrungsarme Winterzeit. Gleichzeitig isolieren Fettschicht und dichtes Winterfell hervorragend gegen Kälte, sodass sie wenig Energie für die Aufrechterhaltung der Körpertemperatur brauchen.

Eichelhäher und Eichhörnchen legen Nahrungsdepots an, indem sie Eicheln und Bucheckern aufsammeln und verscharren. Eichelhäher sind besonders emsig. Sie lesen den ganzen Herbst über Samen auf und verstauen sie in ihrem Kropf. Mit einer Luftfracht von bis zu 16 Eicheln fliegen sie an ausgewählte Stellen, würgen sie wieder hervor und eröffnen ein „Lebensversicherungsdepot" nach dem anderen, um sich so das Überleben in

> Buchen und Eichen werden vom Eichelhäher verbreitet.

der kalten Jahreszeit zu erleichtern. Mitunter legen sie zwischen Sammel- und Aufbewahrungsort eine beträchtliche Strecke zurück, was für die „edlen

Ein Eichelhäher sammelt Bucheckern.

« Dachse fressen gerne Eicheln und Bucheckern.

«« Eine Gelbhalsmaus nagt an einer Eichel.

Spender" eine große Bedeutung hat: Da weder Eichhörnchen noch Eichelhäher den tatsächlichen Bedarf genau abschätzen können und noch dazu damit rechnen müssen, dass ihre „eisernen Reserven" von anderen hungrigen Tieren geplündert werden, verstecken die Sammler oftmals so große Samenmengen, dass viele Depots während des Winters gar nicht geleert werden. Andere Früchtesammlungen werden überflüssig, weil ihr Inhaber von einem Räuber erbeutet wurde.

Aus den herrenlosen Depots wachsen im Frühjahr neue Bäume, was ganz wesentlich zur Verbreitung der nicht flugfähigen Samen von Eiche, Buche und Haselnuss beiträgt. Auf diese Weise verwandeln sich mancherorts Fichten- und Kiefernmonokulturen wieder in wertvolle Mischwälder. Da Nadelbäume äußerst anfällig für Stürme und Insektenbefall sind, setzen Förster heutzutage alles daran, einseitige Monokulturen in Mischbestände umzuwandeln. Da kommt ihnen die Hilfe ihrer tierischen Kollegen natürlich sehr gelegen! Die Samen weniger alter Eichen und Buchen reichen aus, um mithilfe der „Sammelwut" von Eichelhäher und Eichhörnchen große Nadelwaldgebiete wieder mit Laubbäumen zu durchsetzen.

Es gibt auch richtige Diebe unter den Waldbewohnern. So trägt die Gelbhalsmaus den ganzen Herbst über Bucheckern und Eicheln in ihren Bau, der sich meist – gut geschützt vor Wildschweinen und Füchsen – unter einer Wurzel befindet. Im Laufe des Winters verbraucht sie ihre „Schätze", wie die kleinen Berge leerer Schalen vor ihrem Bau zeigen. Bei dieser Art der Vorratshaltung können überzählige Samen im Frühjahr nicht keimen. Somit beruht das Verhältnis von Mäusen und Bäumen nicht auf gegenseitigen Nutzen.

Herbst

Die Silhouette einer alten Eiche bei Mondaufgang. Vielleicht ist sie aus einem vergessenen Nahrungsdepot eines Eichelhähers hervorgegangen.

Die Früchte der Vogelbeere sind eine beliebte Herbstnahrung der Haselmäuse.

Herbst

Die Beeren
«   der Heckenkirsche und
«« des Roten Holunders sind schon im Frühherbst reif.

Die Beeren zahlreicher Sträucher, wie des Holunders, der Vogelbeere oder des Pfaffenhütchens sind ebenfalls eine wichtige Nahrungsgrundlage im Herbstwald. Sträucher ähneln in vielen Merkmalen Bäumen: Sie können ebenfalls viele Jahre alt werden und Holz bilden. Sie erreichen aber kaum einmal eine Höhe von mehr als zehn Metern und verfügen selten über einen eindeutigen Stamm, vielmehr verzweigen sie sich bereits bei niedrigem Wuchs. Der auffälligste Unterschied zeigt sich jedoch im Herbst: Während fast alle Bäume sehr unscheinbar gefärbte Samen ausbilden, legen es die Sträucher mit ihren knallroten Früchten geradezu darauf an, entdeckt zu werden. Die Beeren der Sträucher bestehen aus Fruchtfleisch, in das die eigentlichen Samenkörner eingebettet sind. Besonders Singvögel, wie Drosseln und Rotkehlchen, fressen die Früchte mitsamt den Samen. Später scheiden sie die Körner mit ihrem Kot wieder aus. Das gewährleistet eine großflächige Verbreitung der Samen. Gleichzeitig dient der Vogelkot als willkommene Startdüngung.

Zu den drolligsten Besuchern der beerentragenden Sträucher zählen die Haselmäuse. Sie gehören wissenschaftlich nicht zu den Mäusen, sondern zu den Schläfern oder „Bilchen" und sind somit die kleinen Verwandten des Siebenschläfers. Beide bevorzugen die zuckerhaltigen Beeren als Ergänzung zu den Samen von Buche und Eiche, um sich ausreichend Speck für den bis zu sieben Monate dauernden Winterschlaf anzufressen. Den treten sie bereits – wie auch die Fledermäuse – nach den ersten strengen Herbstfrösten an. Bald schon fallen sie in einen Tiefschlaf, während dem sie sowohl ihre Atmung als auch ihren Herzschlag stark verlangsamen, und so mit ihren Fettreserven sorgsam haushalten.

Die Krone einer alten Rotbuche ragt in den Abendhimmel.
Jetzt werden die Nachttiere des Waldes aktiv.

Herbst

Nachts im Wald

Ein farbenprächtiger Sonnenuntergang gehört zu einem Herbsttag wie aus dem Bilderbuch. Es ist beeindruckend, diesen Übergang von Tag zu Nacht bei Vollmond im Wald zu erleben. Während das letzte Abendlicht gerade noch die Spitzen der Baumkronen beleuchtet, geht der Mond auf und die ersten Sterne erscheinen am Firmament. Um diese Zeit macht sich auch ein „Nachtwächter" im Herbstwald bemerkbar: der Schwarzspecht. Pünktlich mit dem Verschwinden der Sonne kündigt er mit seinen melodischen Flugrufen die bevorstehende Nacht an, landet an seiner Schlafhöhle und beschließt dort mit klagenden Kliöh-Rufen den Tag. Bevor er in seine Höhle schlüpft, inspiziert er diese ganz misstrauisch. Es könnte ja ein Baummarder im Inneren auf ihn lauern! Wenn er sich ganz sicher ist, dass keine Gefahr droht, zieht er sich in seine Behausung zurück und verbringt dort – gut geschützt vor Wind und Wetter – die Nacht. Dabei klammert er sich, wie alle Spechte, von innen an die Höhlenwand und schläft im Hängen. Beim leisesten Kratzen am Stamm lugt er aber aus der Höhle, um nicht plötzlich von einem Feind überrascht zu werden. Dieses Sicherheitsbedürfnis der Spechte geht sogar so weit, dass sie Schlafhöhlen, die sie neu beziehen, von „Unrat" – wie den Resten alter Nester unterschiedlicher „Nachmieter" – reinigen. Somit sind Spechte nicht nur Erbauer, sondern auch Hausmeister ihrer Unterkünfte: Nur

> **Im Herbst reinigen Spechte ihre Höhlen.**

durch diese regelmäßige Wartung können die Höhlen über Jahrzehnte hinweg von den unterschiedlichsten Tieren genutzt werden.

Schwarzspecht säubert seine Schlafhöhle.

Ein Rauhfußkauz macht Jagd auf eine Maus. In der letzten Phase des Beuteflugs fixiert er die Maus mit seinen Augen, davor hat er sie vor allem mit seinem scharfen Gehör geortet.

Herbst

Am Herbstabend, etwa zu dem Zeitpunkt, an dem die Spechte ihre Schlafhöhlen beziehen, verlassen Wald- und Rauhfußkäuze ihre Tagesverstecke und gehen auf Mäusejagd. Von Ansitzwarten aus hören sie mit ihren überaus empfindlichen Ohren die kleinsten Geräusche. Ähnlich wie die Fledermäuse spüren sie mit einem hocheffizienten Ortungssystem ihre Beute millimetergenau auf und sehen auch noch bei geringstem Licht. Die nach vorne gerichteten Augen – ein Merkmal aller jagenden Säugetiere und Vögel – ermöglichen ein ausgeprägtes räumliches Sehen. So fliegen die Käuze ihre Opfer exakt an und packen sie mit ihren Fängen.

Betrachtet man die Sinnesorgane einer Maus, so erkennt man ziemlich schnell, dass die Evolution nicht nur bei den Jägern stattfindet: Große, kugelige Augen, vergleichbar mit einer Linse im Türspion, verhelfen der Maus zu einer guten Rundumsicht und ermöglichen es ihr, selbst bei extrem schwachen Lichtverhältnissen Bewegungen wahrzunehmen. Noch auffälliger sind die Ohren der Mäuse: Sie ähneln den riesigen Parabolspiegeln militärischer Abhöranlagen und nehmen das leiseste Geräusch wahr. Das feine Gehör scheint ein so perfekter Sinn zu sein, dass die Eulen im Laufe der Evolution „nachrüsten" mussten: Um nahezu geräuschlos zu fliegen, sind die Schwungfedern an den Flügeln ausgefranst. Dadurch werden auch noch die kleinsten Geräusche verursachenden Luftwirbel beim Schlagen der Flügel vermieden. In der letzten Phase des Jagdanfluges spielen die hochempfindlichen Augen eine entscheidende Rolle für das genaue Timing. Hat die Eule Erfolg, ergreifen ihre nadelspitzen Krallen in Sekundenbruchteilen die Beute und töten sie.

Eine Gelbhalsmaus sichert vor ihrem Bau.

Vollmond über dem Kronendach eines alten Laubwaldes

Herbst

Jäger der Nacht:
Die reflektierenden Augen der
«   Waldohreule und
« « des Steinmarders

Die Nachtvögel verschlingen Mäuse mit Haut und Haar, jedoch sind ihre Magensäfte nicht stark genug, um die kleinen Nager komplett aufzulösen. Um Verletzungen am Darm durch spitze Knochen zu vermeiden, würgen Eulen die unverdaulichen Teile, wie Knochen und Haare in Form von haarigen Ballen wieder heraus. Diese Gewölle

---

Die Zahl der Eulen wird von
der Häufigkeit der Mäuse bestimmt.

---

beinhalten sämtliche Knochen und den Schädel ihrer Opfer. Daraus kann man Rückschlüsse auf die Zusammensetzung der Mahlzeiten einzelner Eulenarten ziehen. Das Vorkommen mancher Mausarten in einem Biotop wurde gar erst über Gewölleanalysen entdeckt. Mäuse sind für die meisten Eulen ein „Grundnahrungsmittel". Gibt es viele von ihnen, legen die Weibchen mehr Eier und alle Jungen können großgezogen werden. Gibt es wenig Mäuse, verhungern regelmäßig zahlreiche junge Käuze.

Die Männchen von Wald- und Rauhfußkauz halten – im Gegensatz zur umherwandernden Waldohreule – das ganze Jahr über ihre Reviere besetzt. Im Herbst grenzen sie diese mit ihren Rufen ab und versuchen bereits, Weibchen anzulocken. Besonders häufig sind die schaurigen Laute des Waldkauzes zu hören. Die Männchen haben sehr individuelle Balzlieder, anhand derer man einzelne Exemplare genau identifizieren kann. Die Herbstbalz dient also der frühzeitigen Paarbindung und Revierbehauptung. Dies ist gerade beim Waldkauz sehr wichtig, da er schon im Februar mit der Brut beginnt. Wenn sich die gefiederten Jäger der Nacht in der Morgendämmerung zur Ruhe begeben, verlässt der Schwarzspecht gut ausgeruht seine Schlafhöhle und beginnt seine „Tagesschicht". ■

Winter

Das Leben geht weiter

Frischer Schnee verwandelt den Winterwald in eine Zauberwelt.

Winter

Das Leben geht weiter

Neuschnee im Wald – wie sich doch das Erscheinungsbild in so kurzer Zeit verändern kann! Wenn pulvriger Schnee von den Bäumen rieselt und im Gegenlicht wie Sternenstaub glitzert, glaubt man fast, Teil einer Märchenwelt zu sein. Der Schnee dämpft jedes Geräusch – es herrscht eine wunderbare Stille. Nur hin und wieder hört man leise Kontaktrufe von Meisen und Kleibern. Blätter von Buchen und Eichen hängen verwelkt an den Zweigen und sorgen für etwas Farbe im sonst so kahlen Laubwald. Die nächste Generation frischen Grüns wartet jedoch schon gut in Knospen verpackt auf das Frühjahr. Im Boden überwintern Samen und Wurzelstöcke sowie Knollen und Zwiebeln, um bald von neuem austreiben zu können. Die Bäume selbst haben ihre Lebensfunktion auf ein Minimum reduziert. Die Last des Schnees und die Gewalt der Winterstürme fügen ihnen so manchen Schaden zu: Äste brechen; das gefrierende Wasser in Stammritzen oder Faulhöhlen sprengt ganze Baumstämme und verletzt sie schwer.

Gut geschützt in frostfreien Verstecken halten Haselmäuse, Siebenschläfer und Igel ihren durchgehenden Winterschlaf. Winterruher, wie das Eichhörnchen und der Dachs, haben zwar ihre Aktivitäten ebenfalls stark eingeschränkt, aber Herzschlag und Atmung sind bei weitem nicht so stark reduziert wie bei den Winterschläfern. Das Eichhörnchen nutzt jetzt seine im Herbst mit viel Fleiß angelegten Nahrungsdepots.

Eine Schneedecke im Winterwald gibt viele Geheimnisse seiner Bewohner preis. Nun lässt sich der Unterschlupf eines Marders oder die Lage eines Fuchsbaues einfach entdecken, indem man den Fährten im Schnee folgt. Dadurch wird es offensichtlich, dass auch der Winterwald von vielfältigem Leben erfüllt ist.

Buntspecht im Winterwald

Die Kunst des Überlebens

Insektenfresser haben es im Winterwald besonders schwer, da ein Großteil ihres „Futters" – gut versteckt als wenig nahrhafte Puppen oder Eier – den Winter überdauert. Diese Entwicklungsstadien sind gegen Frost äußerst unempfindlich. Doch keine Regel ohne Ausnahme! Manche Schmetterlinge, wie der Zitronenfalter, Wespen- und Hornissenköniginnen sowie Ameisen überwintern auch als fertig entwickelte Insekten. Dazu suchen sie möglichst geschützte, frostfreie Verstecke auf, in denen sie die kalte Jahreszeit in einer energiesparenden Starre verbringen.

Ein Schwarzspecht sucht nach Käferlarven.

Ameisen ziehen sich in das Innere ihres Baus zurück und überstehen dort als gesamtes Volk den Winter. Viele insektenfressende Singvögel, wie Laubsänger und Grasmücken, sind wegen akuten Nahrungsmangels schon längst in den Süden gezogen, manche bis in die feuchtwarmen Regenwälder Zentralafrikas, wo es ganzjährig Futter in Hülle und Fülle gibt.

Holz bewohnende Insekten sind allerdings das ganze Jahr über, selbst bei viel Schnee, eine leicht erreichbare Beute. Ein Glück für die Spechte! Sie angeln mit Meißelschnabel und Fangzunge die begehrten „Eiweißpakete" aus den Gängen heraus. Auf einer frischen Schneedecke sieht man, wie intensiv die verschiedenen Spechte nach Nahrung suchen. Am weitesten dringt der Schwarzspecht in morsche Bäume ein. Er hackt besonders an Fichten tiefe Stollen an die Stammfüße, um an Bockkäferlarven oder Roßameisen zu gelangen. Der Grünspecht ernährt sich sogar ausschließlich von Ameisen. Im Sommer ist das kein großes Problem, da er auf Wiesen und Rasenflächen ausreichend von seiner „Leibspeise" findet. Deshalb lebt er einen Großteil des Jahres an Waldrändern und auf Streu-

Winter

Auf der Suche nach holzbewohnenden Insekten hat ein Specht einen morschen Baumstumpf bearbeitet.

« Zapfenhalde am Fuß einer Spechtschmiede

«« Vom Grünspecht gegrabener Stollen ins Innere eines Ameisenbaus

««« Grünspecht an Ameisenhügel

obstwiesen. Eigentlich benötigt er Bäume lediglich zum Anlegen seiner Höhle. In einem schneereichen Winter allerdings hat er Schwierigkeiten, die kleinen und stark gefrorenen Nester der Wiesenameisen aufzuspüren und zu ihren Bewohnern vorzudringen. Dann zieht er in den Wald und versorgt sich mit Roten Waldameisen. Die sind zwar ebenfalls tief im Inneren ihres Baus verborgen, aber die lockeren Nestkuppen aus Nadeln und Ästchen sind eine Schwachstelle, in die sich der Grünspecht

---
Der Grünspecht wird zum Bergarbeiter und der Buntspecht zum Schmied.
---

ganz einfach einen Tunnel von bis zu einem Meter Länge gräbt. In seinem „Bergwerk" geht er nun mit seiner langen Klebezunge auf Ameisenfang. Am Beispiel des Grünspechts zeigt sich sehr deutlich,

wie wichtig verschiedene Bereiche eines Ökosystems für manche Tierart im Lauf eines Jahres sind.

Andere Bewohner des Winterwaldes wechseln zum Überleben nicht den Standort, sondern ganz einfach die Nahrung: Meisen, Kleiber und Kernbeißer ernähren sich im Sommer von Insekten, im Winter dagegen von Samen. Gerade im Spätwinter herrscht ein großer Nahrungsengpass, da der gesamte Wald schon viele Male von hungrigen Schnäbeln und Mäulern nach etwas Essbarem abgesucht wurde. Darauf reagiert der Buntspecht in Gebieten mit Nadelbäumen mit einem erstaunlichen Verhalten: Er nutzt die nahrhaften Samen von Fichte und Kiefer. Diese winzigen Samenkörner sind jedoch in den Zapfen verborgen. Um diese zu knacken, hackt er kurzerhand einen Zapfen ab, nimmt ihn in den Schnabel und fliegt damit zu einer selbst gezimmerten Kerbe oder einer Astga-

Winter

Ein Buntspecht bearbeitet einen Fichtenzapfen an seiner Schmiede.

bel. Dort klemmt er ihn mit der Spitze nach oben ein. Nun kann er den Zapfen gut bearbeiten und die einzelnen Körner herausholen.

Kreuzschnäbel haben eine andere, sehr elegante Variante der Samennutzung entwickelt. Dazu bringen sie ihr Spezialwerkzeug in Form eines gekreuzten Schnabels mit. Mit ihm sind sie in der Lage, die Zapfenschuppen anzuheben und die Samenkörner, wie mit einer Pinzette, herauszuholen. Oft zwicken die Kreuzschnäbel die Zapfen sogar vom Ast, klemmen sie wie Papageien mit einem Fuß fest und können nun ganz entspannt den kalorienhaltigen Knabberspaß genießen. Bevor sie die Samen fressen, zwacken sie die nicht nahrhaften Flügelchen ab, die eigentlich dazu gedacht waren, die Samen weit vom Mutterbaum wegsegeln zu lassen. Kreuzschnäbel sind so stark auf die Samen von Nadelbäume spezialisiert, dass sie sogar ihre Brutzeit in den Spätwinter legen. Bei zunehmender Sonnenwärme im Frühjahr spreizen sich nämlich die Samenschuppen immer weiter ab: die Samen sind dann reif, fallen heraus und segeln davon. Also müssen die Kreuzschnäbel das Samenangebot noch vor der Reife nutzen und so ihre Jungen oftmals in Schnee und Kälte aufziehen. Da Nadelbäume nur alle 3 bis 5 Jahre in einem Gebiet reichlich Samen produzieren, sind Kreuzschnäbel oft auf Wanderschaft, um zapfentragende Bäume zu finden. In Jahren mit geringem Samenansatz verringert sich auch der Bestand der Kreuzschnäbel drastisch.

Eichhörnchen gelangen mit einem anderen Trick in das Innere der Zapfen. Sie fangen einfach an, die starren Zapfenschuppen vom Stiel her abzunagen. Mit jeder abgenagten Schuppenreihe kommen die dahinter verborgenen Samenkörner mit den Flügelchen zum Vorschein. Die kahlen Stiele mit den danebenliegenden Schuppen machen das Spurenlesen in diesem Fall sehr einfach.

Männlicher Fichtenkreuzschnabel bei der Samenernte.

Winter

Kreuzschnäbel brüten bereits im Spätwinter, um das Samenangebot der Nadelbäume optimal nutzen zu können. Hier füttert das Kreuzschnabelweibchen die Jungen mit vorverdautem Samenbrei.

Rothirsche sind die größten Waldbewohner. Die älteren Männchen tragen mächtige Geweihe, die sie zum Ende des Winters abwerfen.

Winter

Fährten im Schnee

Hirsch, Reh und Wildschwein als unsere größten Waldbewohner müssen ihre Überlebenskünste im Winter ebenso wie ihre kleinen Mitbewohner unter Beweis stellen. In dieser Zeit sind ausreichend Fett auf den Rippen und ein dichtes Winterfell die wichtigste „Ausrüstung" für das Wild. Bevor der Mensch ganz Mitteleuropa besiedelte und große Teile der Wälder rodete, wanderte das in Rudeln lebende Rotwild im Herbst in die Auwälder der großen Flüsse. Dort waren die Winter milder und „Leckerbissen", wie die Knospen vielerlei Sträucher und Bäume, lockten zusätzlich.

Baumrinde, besonders von Weide und Pappel, aber auch von Buche und Fichte ist für Hirsche eine weitere wichtige Nahrungsquelle. Es stellt sich die Frage: Rinde – was soll daran nahrhaft sein? Hierzu sollte man sich das Wachstum der Buche und aller anderen Bäume in Erinnerung rufen: Unter der Borke überzieht die Bastschicht (= Leitungssystem für den Baumsirup) und das zarte Kambium (produziert Bast und Holz) den gesamten Baum. Beide sind kalorienreich und leicht verdaulich. Aus diesem Grund ziehen Rothirsche die gehaltvolle Rinde mit ihren unteren Schneidezähnen mitsamt Kambium von den Bäumen ab und fressen sie. Im Urwald wäre das kein Problem – die Bäume würden an diesen Stellen früher von Pilzen befallen und brüchig werden.

In unseren Wirtschaftswäldern soll wertvolles Holz erzeugt werden und daher müssen die Bäume möglichst lange gesund bleiben. Haben jedoch Hirsche an der „Außenhaut" genagt, werden die Stämme schnell morsch und brechen zusammen. Weil Rothirsche nicht mehr in die Auwälder wandern können – die meisten wurden gerodet und die Wanderwege des Wildes durch Straßen, Siedlungen oder Zäune unterbrochen –, werden sie heute den Winter über oft in Großgehegen gehalten und gefüttert. Damit wird gewährleistet, dass sich die Schäden an Bäumen

Vom Rothirsch geschälter Baumstamm

Wildschweine finden bei starkem Frost und hoher Schneelage nur wenig Nahrung, da sie dann den Boden nicht mehr durchwühlen könnne.

in „vertretbaren" Grenzen bewegen. Rehe wie Hirsche äsen gerne Knospen von Bäumen und Sträuchern. Wenngleich sie ihren Energiebedarf hauptsächlich durch den Abbau ihrer Fettreserven decken, so benötigen sie doch die in den Knospen enthaltenen Mineralstoffe und Vitamine für eine ausgewogene Ernährung. Wildschweine dagegen fressen nur das, was sie im Waldboden finden. Solange nur wenig Schnee liegt und kein starker Frost herrscht, haben sie kaum Schwierigkeiten. Mit ihrem Universalwerkzeug, dem äußerst geruchsempfindlichen und kräftigen Rüssel, wühlen sie Furchen und tiefe Löcher in den Boden und finden so ausreichend Nahrung, wie Mäusenester, Insektenlarven, Bucheckern oder Eicheln.

Konsequentes Energiesparen ist die Devise für das Wild, wenn der Winter richtig zuschlägt. Dann lagern die Tiere an windgeschützten Stellen, kuscheln sich eng aneinander und schränken ihre Aktivitäten auf ein Minimum ein. Bei Rothirschen wurde sogar nachgewiesen, dass sie ihre Körpertemperatur in solchen Ruhephasen von „normalen" 37 bis auf 15 Grad absenken. Das ermöglicht ihnen, in einen „Kurzzeit-Winterschlaf" zu fallen und mit ihren Kräften zu haushalten.

Warum sich Wildschweine im tiefsten Winter paaren, ist nicht so einfach nachzuvollziehen, es hängt ziemlich sicher mit der Tragzeit zusammen. Die um Weibchen kämpfenden Keiler verausgaben sich in dieser Zeit stark, verlieren viel Gewicht und riskieren sogar zu verhungern. Rehe hingegen pflanzen sich bereits im Sommer fort, Hirsche im nahrungsreichen Herbst. Ein Trick der Natur: Bei Rehen beginnt das Wachstum der Embryonen erst vier Monate nach der Befruchtung. Diese Verlegung der Schwangerschaft spart der Ricke viel

Winter

Flüchtende Rehe verbrauchen viel Energie. Deshalb verstecken sich Rehe sehr gut und flüchten nur überstürzt, wenn sie überrascht worden sind. Nehmen sie die Gefahr aber rechtzeitig wahr, dann verdrücken sie sich still und leise.

Bei ihren Pirschgängen durchs Revier benutzen Füchse gerne Wege und Wildwechsel.
Wo sie nicht intensiv bejagt werden, sind Füchse auch tagsüber unterwegs.

Winter

Energie während des Winters, da sie erst im Frühjahr hochschwanger ist und dann schon wieder mehr Äsung findet.

Trotz ausgeklügelter Überlebensstrategien

fallen viele Tiere den Strapazen des Winters zum Opfer. Schlecht genährte Waldbewohner, die ihre Fettreserven aufgebraucht haben, sind anfälliger für Krankheiten und können vor Feinden nicht mehr schnell genug flüchten. Des einen Leid ist aber des anderen Freud: Füchse sind auch bei größter Kälte unterwegs, um kranke oder verendete Tiere aufzuspüren. Aus Erfahrung wissen diese

---

Füchse sind überaus findige Überlebenskünstler.

---

anpassungsfähigen Jäger, wo sie am wahrscheinlichsten mit Beute rechnen können. Auf der Suche nach überfahrenen Tieren patrouillieren sie gerne entlang der Straßen. Füchse ernähren sich sehr vielseitig. Mit ihrem feinen Gehörsinn orten sie Mäuse unter der Schneedecke und fangen sie mit einem hohen Sprung aus dem Stand. Sie zögern auch nicht, sich an Komposthaufen oder eben – ganz klassisch – im Hühnerstall zu bedienen. Zur Paarungszeit von Januar bis Februar sind sie besonders viel unterwegs. Ihr heiseres Bellen ist während der ganzen Nacht weithin zu hören. Nun markieren die Männchen ihr Revier besonders intensiv mit Urinmarken, deren Raubtiergeruch auch für uns gut wahrnehmbar ist. In dieser Zeit dienen die Baue als regelrechte Treffs und Kontaktbörsen, an denen die Geschlechtspartner zueinander finden. Zwischen den Fuchsrüden kommt es jetzt zu heftigen Kämpfen: Hat ein Rüde eine Fähe gefunden, lässt er sie bis zur erfolgreichen Paarung nicht mehr aus den Augen. Bereits sieben Wochen später werden im sicheren Bau die Jungen geboren.

Hier ist ein Fuchs vorbeigeschnürt.

Das Phantom des Waldes

Der Habicht als größter Greifvogel unserer Wälder ist scheu und streift durch ein so ausgedehntes Jagdgebiet, dass man ihn nur selten zu Gesicht bekommt. Seine faszinierenden Jagdkünste lassen sich am besten an einem besonders spannenden Jagdflug beschreiben:

Ein Waldkauz hat während der Winternacht kein Jagdglück. Anstatt sich hungrig in sein Tagesversteck zurückzuziehen, versucht er am frühen Morgen noch schnell, eine geschwächte Meise in einem Schwarm zu erbeuten. Darauf hatte es aber auch der Habicht abgesehen. Er weiß aus Erfahrung, dass die Kleinvögel – nach einer kalten Nacht – ziemlich ausgehungert, einzelne sogar stark geschwächt und unaufmerksam sind. Von einer Ansitzwarte aus beobachtet er den Meisenschwarm und wartet auf eine günstige Gelegenheit. Da erspäht er in der Nähe seines Ziels den ebenfalls auf seine Chance lauernden Waldkauz. Sofort ändert der Habicht seinen Plan und beginnt den Jagdflug auf den Kauz. Er beschleunigt innerhalb von Sekunden, steuert in waghalsigen Flugmanövern mithilfe seines langen Schwanzes um den Stamm einer alten Rotbuche und weicht geschickt mit seinem – für menschliche Maßstäbe – unglaublichen Reaktionsvermö-

---

Habichte sind
perfekte Jagdflieger.

---

gen mehreren Ästen aus. Nur noch wenige Meter trennen den Habicht von seiner Beute, da dreht der Waldkauz seinen Kopf nach hinten. Erst jetzt erkennt er – aufgrund des engen Blickwinkels seiner Augen – die tödliche Gefahr und startet sofort durch. Schon hat der Habicht ihn eingeholt, fliegt unter ihm hindurch, wendet sich auf den Rücken und schlägt dem Kauz seine langen Krallen in die Brust. Der Kauz versucht noch verzweifelt, nach dem Habicht zu schnappen, der aber hält ihn mit

Habicht mit frisch geschlagenem Waldkauz

Habicht auf Beuteflug. Mit seinem langen Schwanz und den großen Flügeln sind Habichte sehr wendig und können akrobatische Flugmanöver ausführen.

Der Habicht rupft den frischgeschlagenen Waldkauz.

Winter

seinen langen Beinen so weit wie möglich auf Abstand. Die Fänge des Habichts dringen tief in den Körper des Waldkauzes ein, verwunden Herz und Lunge. Das Opfer stirbt an inneren Verletzungen, während der Jäger auf ihm thront und dessen Ende abwartet. Anschließend transportiert der Greifvogel seine Beute auf einen Baumstumpf und beginnt sie zu rupfen. Kommt ein anderer Greifvogel in die Nähe, so verteidigt der Habicht seine Beute, indem der mit seinen Flügeln die Beute abdeckt und sie so für die Konkurrenten unsichtbar macht. Mit seinem scharfen Schnabel schneidet er die Bauchhöhle auf und frisst zuerst die Innereien. Mehrere Stunden dauert es, bis von einem so großen Beutetier wie einem Waldkauz nur noch Federn und Knochen übrig sind.

Erfolgreiche Jäger müssen demnach eine Vielzahl unterschiedlicher Jagdstrategien parat haben, um auf ungewöhnliche Situationen blitzschnell reagieren zu können. Damit bleiben sie für ihre Opfer unberechenbar. Der Jäger muss allerdings das Verhalten seiner Beute genau kennen und ihnen immer einen Schritt voraus sein. Dazu gehört es, dass er mit seinem Jagdrevier bis ins kleinste Detail vertraut ist. Zudem muss es über eine ausreichende Fläche verfügen, damit die Beutetiere durch zu häufige Beunruhigung nicht zu vorsichtig werden. All diese Faktoren muss der Habicht – wie jeder andere Jäger – jeden Tag aufs Neue berücksichtigen. Das Jagdverhalten ist den Vögeln zwar angeboren, aber die Feinheiten, die letztendlich zum Erfolg führen, werden in einer harten Schule über Versuch und Irrtum erworben. Ein großer Teil der Nachwuchsjäger überlebt diese Lehrzeit nicht. Jeder Tag im Leben eines Habichts bringt neue Herausforderungen mit sich. Kleinste Unachtsamkeiten können zu schwerwiegenden Konsequenzen führen, die den Meisterjäger unweigerlich selbst zur Beute werden lassen.

Hier wurde ein Eichhörnchen von einem Habicht geschlagen, wie die kleine Feder aus dem Brustgefieder des Habichts beweist.

Im Spätwinter paaren sich die Luchse. In dieser Zeit folgt das größere Männchen dem Weibchen unentwegt, um den Zeitpunkt der Empfängnisbereitschaft nicht zu verpassen. Den Rest des Jahres verbringen Männchen als Einzelgänger. Weibchen führen ihre Jungen noch bis in den Herbst.

Winter

Die Rückkehr der Jäger

Die Ausrottung der großen Beutegreifer ist eines der traurigsten Kapitel der Jagdgeschichte. Mit Fallen, Gift und Büchse wurden Wolf, Luchs und Bär seit dem Mittelalter gnadenlos verfolgt. Vor etwa 200 Jahren waren die Jäger auf vier Pfoten allesamt erlegt. Nur hin und wieder wanderten in den vergangenen Jahrzehnten einzelne Luchse

---
Luchse und Wölfe stehen an der Spitze der Nahrungspyramide

---

aus dem Osten ein. Die Spuren solcher Pioniere verloren sich aber sehr rasch, obwohl ihnen die hohen Reh- und Rotwildbestände in Deutschlands Wäldern eine optimale Nahrungsgrundlage geboten hätten. Zudem stehen Hasen, Füchse, Wildschweine, Mäuse und Vögel auf dem Speiseplan der Großkatzen. Trotz dieses reich gedeckten Tisches konnte sich der Luchs lange Zeit nicht behaupten, da seine zweibeinigen Jagdkollegen ihm seinen Bedarf an Beute nicht zugestehen wollten. So kam es wohl zu illegalen Abschüssen. Erst intensive Aufklärungs- und Forschungsarbeiten bauen die Vorurteile allmählich ab.

Luchse beeinflussen den Bestand an Rehen und Hirschen nur unwesentlich. Ähnlich der Beziehung zwischen Eulen und Mäusen reguliert die Zahl der Beutetiere eher die Dichte der Jäger. Denn Luchse besitzen zu weitläufige Reviere (50 - 400 km^2) und haben einen viel zu geringen Nahrungsbedarf, der zudem von unterschiedlichen Beutetieren gedeckt wird. Dieses Umdenken hat dazu geführt, dass der Luchs immer größere Teile unserer Mittelgebirge besiedelt. Zur Unterstützung werden gezielte Ansiedlungsprojekte, wie etwa im Harz, realisiert. Einen Luchs in freier Wildbahn zu beobachten, gelingt nur wenigen Menschen. Und doch ist es ein

Luchse können hervorragend sehen und hören.

Wölfe leben und jagen in Rudeln mit einer ausgeprägten Rangordnung. Nur das ranghöchste Weibchen paart sich mit dem ranghöchsten Männchen. Die Welpen werden von allen Rudelmitgliedern versorgt und werden Teil des Rudels.

Winter

besonderes Gefühl, in einem Wald unterwegs zu sein, in dem diese wunderschöne Großkatze wieder heimisch ist.

Der Wolf hat einen ähnlichen Leidensweg wie der Luchs hinter sich und erst vor wenigen Jahren begonnen, sich erneut bei uns anzusiedeln. Obwohl mittlerweile jeder weiß, dass Wölfe nicht gefährlich sind und Menschen von ihnen so gut wie nie angegriffen werden, gibt es dort, wo sie sich niederlassen, größte Vorbehalte seitens der Jägerschaft. Dabei müsste es ein Grund zur Freude sein, dass freilebende Wölfe pünktlich zur Jahrtausendwende – nach mehr als 150 Jahren – Junge in Deutschland aufgezogen haben. So geschehen auf einem sächsischen Truppenübungsplatz nahe der polnischen Grenze. Jahre zuvor sind die Wölfe aus Polen eingewandert, indem sie die Neiße durchschwammen. Nun hört man dort in klaren Winternächten wieder das Heulen der Wölfe, aber nur, wenn es nicht gerade von dem Gefechtsfeuer oder dem Brummen von Panzern übertönt wird. Dass sie mit diesen menschlichen Störungen gut zurechtkommen, beweist einmal mehr die enorme Anpassungsfähigkeit dieser Raubtiere.

Die Wildkatze hingegen war nie ganz ausgestorben. Sie ist – dank zusätzlicher Nachzuchtprogramme und anschließender Auswilderung – in mehreren Gebieten Deutschlands weiter auf dem Vormarsch. Ob der noch fehlende Braunbär als größter ursprünglicher Beutegreifer in Mitteleuropa wieder heimisch wird, hängt sehr von der Toleranz ab, die wir ihm entgegenbringen. Hoffentlich widerfährt dem nächsten, nach Deutschland einwandernden Braunbären einmal ein besseres Schicksal als dem berühmten Bären Bruno in Bayern!

Wildkatzen sind scheue Einzelgänger.

Winterlicher Rotbuchenwald: Einzelne Bäume sollten nicht gefällt werden, sondern ihrem natürlichen Schicksal, wie es sie im Urwald ereilen würden, überlassen werden. Nur so können auch in unseren Wirtschaftswäldern stark spezialisierte Tier- und Pflanzenarten überleben.

Winter

Die Zukunft unserer Wälder

Vor etwa 25 Jahren schlugen Wissenschaftler Alarm, weil sich der Zustand der Bäume in unseren Wäldern dramatisch verschlechtert hatte. Vielerorts verlichteten die Kronen der Bäume, vor allem Fichten und Tannen starben durch den sehr hohen Schwefelausstoß von Kohlekraftwerken in erschreckendem Ausmaß ab. In dieser Zeit befürchteten viele Menschen, dass unsere Wälder in kurzer Zeit großflächig absterben würden. Glücklicherweise wurde dieses Schreckgespenst des Waldsterbens nur in relativ geringem Umfang Wirklichkeit, beispielsweise in den Hochlagen des Erzgebirges und anderen stark belasteten Gebieten. Der konsequente Einbau von Filteranlagen in den entsprechenden Industrieanlagen hat die Emission des gefährlichen Schwefeldioxids drastisch verringert.

Heute drohen unseren Wäldern neue Gefahren: Die Klimaerwärmung und die damit einhergehenden Trockenperioden im Sommer schwächen die Bäume. Die flach wurzelnde Fichte ist davon am stärksten betroffen: Der dürstende Nadelbaum ist ein willkommenes Fressen für den Buchdrucker, der seinen „Wirt" innerhalb kurzer Zeit zum Absterben bringt. Immer häufiger auftretende Orkane und Stürme verursachen bei der Fichte große Windwurfschäden. Es entstehen Freiflächen, die später mühsam bepflanzt werden müssen. Dann dauert es wieder viele Jahrzehnte, bis die Jungpflanzen zu mächtigen Altbäumen heranwachsen und ihr Holz geerntet werden kann.

Wenn aber Bäume so wichtig und wertvoll sind, warum lässt man die gesunden nicht einfach so lange wachsen, bis sie an Altersschwäche sterben? Dazu muss man sich bewusst machen, dass Holz ein äußerst wichtiger und zugleich sehr umweltschonend zu gewinnender Rohstoff ist: Papier, Zellstoff, Hausbau und Möbel sind nur einige

In unseren Wäldern wächst der sehr begehrte Rohstoff Holz heran.

Wälder haben für uns eine enorme Bedeutung als Quelle sauberen Trinkwassers. Das Grundwasser unter Wäldern ist am wenigsten mit Schadstoffen belastet.

Winter

Beispiele für seine vielseitige Anwendung in unserer Gesellschaft. Im Wald werden im Regelfall keine Spritzmittel und Mineraldünger verwendet.

Schonend bewirtschaftete Laubwälder ähneln ursprünglichen Urwäldern relativ stark, wenngleich auch entscheidende Unterschiede bestehen: Natürlich gibt es im Wirtschaftswald nicht so viel totes Holz wie im Urwald. Der Mensch möchte ja das Hauptprodukt des Waldes für sich nutzen. Trotzdem wachsen in den Wäldern Deutschlands jedes Jahr etwa 60 Millionen Kubikmeter frisches Holz hinzu. Das bedeutet, dass auf jeden Einwohner ein Holzwürfel mit einer Kantenlänge von 90 cm entfiele.

Das Prinzip der Nachhaltigkeit wird von den Förstern schon seit Jahrhunderten angestrebt. Es begann mit der Erkenntnis, dass man langfristig nur so viel Holz schlagen kann, wie nachwächst. Heute dehnt man diesen Grundsatz auf alle Funktionen des Waldes aus. Er soll beispielsweise dauerhaft Trinkwasser liefern, da das Grundwasser unter den Wäldern sauber und unbelastet ist. Der Waldboden wirkt dabei wie ein überdimensionaler Filter, der im Regenwasser gelöste Schadstoffe an sich bindet. Allerdings schädigt diese Schadstoffanreicherung im Waldboden wiederum die Baumwurzeln und beeinträchtigt das gesamte Ökosystem. Dieses Beispiel zeigt, dass eine nachhaltige Waldbewirtschaftung nur gelingen kann, wenn auch die sonstigen Umweltbelastungen reduziert werden und der Klimaerwärmung entgegengewirkt wird. Lediglich so kann unser Wald den vielfältigen Funktionen, die er in unserer Gesellschaft hat, gerecht werden.

Für viele Menschen ist Wald der Erholungsraum, in dem sie eine zum Teil sehr ursprüngliche

Ein kleines Kunstwerk am Waldbach.

Natur erleben, Sport treiben oder abschalten können. In den Gebirgen schützt er vor Lawinen, Erdrutschen und Überschwemmungen. Der Waldboden kann enorme Mengen an Niederschlägen wie ein Schwamm aufsaugen und sie allmählich wieder über die Quellen in Bäche und Flüsse einspeisen. Nicht zuletzt ist der Wald Lebensraum für eine großartige Lebensgemeinschaft aus Pflanzen und Tieren. Er ist kein Rückzugsgebiet für Waldtiere, wie fälschlicherweise oft behauptet wird. Die meisten können ohne Wald ganz einfach nicht existieren! Ihnen diese Lebensgrundlage so zu erhalten oder wieder so umzugestalten, dass eine möglichst artenreiche und vollständige Flora und Fauna existieren kann, ist eine wichtige Verpflichtung unserer Gesellschaft. Hier gilt es in erster Linie mehr Laub- und Mischwälder zu schaffen. In ihnen findet – bei entsprechend hohem Baumalter – die größte Zahl an Arten ein Auskommen. Daneben sollten auch Naturschutzbelange in der Waldbewirtschaftung berücksichtigt werden. Ausgesuchte Bäume dürfen eines „natürlichen Todes" sterben und im Wald

---

Wälder erfüllen viele verschiedene Funktionen.

---

vermodern. Totholz und alte, teilweise morsche Bäume sind wesentliche Bestandteile von Urwäldern. Sie stellen die Lebensgrundlage für viele Tier- und Pflanzenarten dar. Sie müssen auch im Wirtschaftswald in vertretbarem Umfang erhalten werden, was oft mit sehr wenig Aufwand möglich ist. Auf der anderen Seite ist es notwendig die Wildbestände von Reh und Hirsch so niedrig zu halten, damit aus den Samen der Bäume oder durch Pflanzung entstandene Jungwälder ohne Zäune aufwachsen können. Nur so können wir hoffen, dass Wälder heranwachsen, die den vielfältigen Ansprüchen unserer Gesellschaft in der Zukunft gerecht werden.

Schwarzspecht im Winterwald

Winter

Unter dem Schirm eines Fichtenbestandes wachsen junge Rotbuchen heran. Sie wurden im Schatten der Altfichten gepflanzt, um für die nächste Waldgeneration einen Mischbestand aus Laub- und Nadelbäumen heranzuziehen.

Expeditionen

Wald erleben

Wald entdecken – aber wie?

Ein paar einleitende Gedanken...

Kinder wollen den Wald selbst entdecken, sich überraschen lassen, Abenteuer bestehen, „Schätze" sammeln oder etwas bauen. Haben Sie selbst früher nicht auch mit Hingabe einen kleinen Staudamm in einem Waldbach gebaut und waren stolz auf ihr Werk? Oder haben Frosch- bzw. Krötenlaich gesammelt und begeistert beobachtet, wie daraus Kaulquappen schlüpften und sich – unter artgerechter Pflege – „richtige" Frösche bzw. Kröten entwickelten? All das sind beeindruckende Erfahrungen, die Sie auch Ihren Kindern mit auf den Weg geben können. Dazu genügt ein einfacher Waldspaziergang, bei dem man – ohne großen Aufwand – die Natur und all ihre Spielarten hautnah erleben kann. Gerne fernab „vorgefertigter" Wanderwege!

Unmittelbare Naturerlebnisse prägen sich ein

Das Beispiel der inzwischen geschützten Frösche und Kröten zeigt aber schon eine andere Seite:

Was ist eigentlich erlaubt, was nicht?

Grundsätzlich hat sich das Umweltbewusstsein zum Positiven verändert und viele Menschen sind bemüht, die Natur so wenig wie möglich zu stören. Kehrseite der Medaille: Die Natur wird nur noch von „außen" betrachtet, was das reine „Naturerlebnis" – vor allem für wissensdurstige Kinder – natürlich auf ein Minimum beschränkt. So können Kinder keine emotionale Bindung zu diesem faszinierenden Lebensraum aufbauen.

Also: Keine Berührungsängste – die Natur ist zum Anfassen da, zum Riechen, Fühlen und Erleben!

„Wir müssen versuchen, den Menschen wieder an die Natur heranzuführen. Es kann nicht angehen, dass bei uns kein Kind mehr einen Vogel aufziehen oder eine Pflanze abpflücken darf. Selbst in Schulen ist es heute so gut wie unmöglich, die Entwicklung von Kaulquappen zu zeigen, weil die bei uns vorkommenden Frösche alle geschützte Arten sind. Dies zu erleben, würde aber Kinder und Jugendliche nachhaltig prägen.

Artenschutz muss ganz entscheidend auf eine emotionale Basis gestellt werden."

Dieses ermunternde Zitat stammt vom Biologen und Ökologen Josef Reichholf, Leiter der Zoologischen Staatssammlung München und Vorstandsmitglied des World Wildlife Funds Deutschland. Bei Waldführungen für Schulklassen erlebe ich immer wieder, wie die Augen der Kinder zu leuchten beginnen, wenn ich ihnen das Nest einer Singdrossel mit ihren wunderschönen blauen Eiern oder die Spuren vor einem Dachsbau zeige.

Die kleinen Wunder der Natur entdecken ▶

Nicht theoretische Abhandlungen, sondern solche unmittelbaren Erlebnisse haben viele Forscher – wie Konrad Lorenz – in ihrer Kindheit geprägt und zu bahnbrechenden Erkenntnissen inspiriert. Für uns Eltern ist es Verpflichtung und Herausforderung zugleich, unseren Kindern unterstützend zur Seite zu stehen. Nachfolgend geben wir einige Anregungen für Waldexpeditionen. Sie erheben keinen Anspruch auf Vollständigkeit und sollen auch keine Gebrauchsanweisung sein. Im Gegenteil! Sie sind Anregungen für ganz individuelle Unternehmungen – getreu dem Motto:

„Es geht bei Bildung und Erziehung nicht darum, das Gedächtnis wie ein Fass zu füllen, sondern darum, Lichter anzuzünden, die alleine weiterbrennen können."

Freies Betretungsrecht für alle!?

Das „freie Betretungsrecht" als Grundrecht ebnet jedem den Weg in den Wald. Warum sollten Familien also darauf verzichten? Jedoch keine Rechte ohne Pflichten: Wer sich die Freiheit des Naturentdeckens nimmt, muss natürlich auch die Verordnungen der Naturschutzgebiete einhalten. Generell darf kein Feuer im Wald gemacht werden! Das ist nach Gesetz nur Waldbesitzern erlaubt. Außerhalb des Waldes, mindestens 100 Meter entfernt, darf man Feuer schüren – immer das Einverständnis des Waldbesitzers vorausgesetzt. Für die eigene Sicherheit ist es ganz wichtig, Warnschilder, die etwa auf Baumfällungen oder Treibjagden hinweisen, zu beachten. Bei starkem Wind oder gar Sturm sollten wir den Wald nicht betreten, da dann die Gefahr herabfallernder Äste oder gar umfallender Bäume zu groß ist. In den Morgen- und Abendstunden sollte man auffällige Kleidung tragen, um von Jägern gut erkannt zu werden. Wer sich unsicher ist, was er darf, kann sich bei Naturschutz- und Forstbehörden vor Ort erkundigen. Ein wichtiger Anlaufpunkt sind auch lokale Naturschutzgruppen.

Wem gehört der Wald?

Nicht alles ist durch das „freie Betretungsrecht" abgedeckt:

Für manche „Survival-Unternehmungen" im Wald benötigt man Baumaterial oder eine spezielle Erlaubnis. Natürlich darf man trockenes, auf dem Waldboden herumliegendes Astholz bis 6 cm Durchmesser sammeln. Doch was, wenn man z. B. Haselnussruten für eine Laubhütte schneiden oder eine Nacht im Wald verbringen will? Dann ist es gut zu wissen, wem der Wald gehört, damit man den Waldbesitzer um Einwilligung für das jeweilige Vorhaben bitten kann. Die Hälfte des deutschen Waldes gehört dem Staat, den Städten und Gemeinden. Die andere Hälfte gehört Groß- und Kleinprivatwaldbesitzern. An den Amtsgerichten werden Listen darüber geführt, wem welches Grundstück gehört. Allerdings ist es ziemlich kompliziert, über diesen Weg den Eigentümer herauszufinden. Einfacher ist es, Kontakt mit der zuständigen Forstverwaltung aufzunehmen oder Landwirte in der Nähe des auserkorenen Waldstückes nach dem Besitzer zu befragen. Eine topografische Karte hilft, die Stelle im Wald genau zeigen. Wer sein Anliegen höflich vorbringt und vernünftig begründet, kann meist auf die Hilfsbereitschaft von Waldbesitzern und Förstern zählen.

1 Im Wald erwacht die Phantasie
2 Turnstunde im Wald
3 Die Natur ist zum Anfassen da

Die Ausrüstung

„Es gibt kein schlechtes Wetter, nur schlechte Kleidung!" Darin allein steckt eigentlich schon alles Wichtige! Natürlich sollten Schuhe und Kleidung bequem sein. Im Sommer reicht das. Doch im Winter sind Kälte und Nässe äußerst unangenehme Begleiter: Daher empfehlen sich lange Unterwäsche, möglichst nicht (!) aus reiner Baumwolle, und Hosen aus Mischgewebe – denn die nehmen die Feuchtigkeit nicht so sehr an. Bei Schmuddelwetter sollte noch eine wasserdichte Hose obendrüber. Für den Oberkörper ist das Zwiebelprinzip, also der Schichten-Look, angesagt: Fleecejacke, Daunenweste, wind- und wasserdichte Jacke sind optimal – sollte es zu warm werden, kann eine Schicht „abgeblättert" werden. Für kleine Kinder, die schneller auskühlen, eignen sich Schneeanzüge am besten. Mütze, Schal und Handschuhe sind selbstverständlich immer dabei. Dicke Socken, idealerweise aus Fleece, und isolierte Stiefel sind gute Partner für kälteempfindliche Kinderfüße im winterlichen Wald. Tipp: Ziehen Sie Schuhe und Stiefel immer zimmerwarm an, das ist die beste Vorbeugung gegen kalte Füße!

Das war die Pflicht und nun die Kür: Handwärmer, Kompass, Landkarte, Fernglas, Messer, Fotoapparat, Sitzkissen und bequemer Rucksack mit dem Lieblings-Proviant der Familie – Waldluft macht hungrig und durstig. Brote, Obst, Müsliriegel und heißer Tee in der Thermoskanne sind bewährte und gern gesehene Begleiter. Kinder sollten möglichst keinen Rucksack tragen, der schränkt sie zu sehr in ihrer Bewegungsfreiheit ein.

Tipp: Erstellen Sie eine Ausrüstungs- und Proviantliste am PC, die laufend aktualisiert werden kann. So vergessen Sie nichts und erleichtern sich das Packen für die nächste Waldexkursion.

Eine gute Ausrüstung ist also keine Hexerei und Improvisieren erlaubt – das meiste ist sowieso im Fundus vorhanden. Jetzt steht einer ausgedehnten Waldexpedition nichts mehr im Wege!

Zecken und Fuchsbandwurm – eine Gefahr im Wald?

Keine Panik! Die gute Nachricht: Die Wahrscheinlichkeit, sich mit einem Fuchsbandwurm zu infizieren, ist äußerst gering – fragen Sie beim örtlichen Gesundheitsamt nach, Sie werden erstaunt sein. Schließlich leben Füchse nicht nur im Wald, sondern durchstreifen auch regelmäßig Erdbeer- und Salatfelder oder Gärten in Ortsrandlagen. Wenn Sie auf Nummer sicher gehen wollen: Achten Sie darauf, nur Früchte über Kniehöhe zu sammeln oder diese vor dem Verzehr über 60 Grad zu erhitzen.

Selbst wenn das Wort „Zecke" Ihnen unangenehme Schauer über den Rücken jagt bzw. Ekel hervorruft, ist es sehr unwahrscheinlich, sich mit Viren zu infizieren, die zu einer Gehirnhautentzündung führen. Die Gefahr lässt sich mit einer vorbeugenden, jedoch umstrittenen Impfung noch zusätzlich minimieren.

Häufiger hingegen tritt die Bakterieninfektion Borreliose auf, die mit einer Antibiotika-Therapie behandelt wird – gegen die aber leider nicht geimpft werden kann. Kreisrunde Rötungen nach einem Zeckenstich deuten auf eine Borreliose hin, die unverzüglich von einem Arzt behandelt werden muss.

Wissenswert: Zecken leben in der Krautschicht am Boden (und nicht auf Bäumen!) und zwar nicht nur im Wald, sondern auch auf Wiesen in Gärten oder Parks. Ist eine Zecke „an Bord gegangen", krabbelt sie erst eine Weile am Körper entlang, bis sie eine gut durchblutete Stelle gefunden hat, sich mit ihren Zangen festmacht, zusticht (nicht beißt!) und Blut saugt.

Vorsichtsmaßnahmen: Strümpfe über die Hosenbeine ziehen und langärmelige Oberbekleidung tragen! Nach dem Waldbesuch den Körper gründlich nach Zecken absuchen – besonders in Kniekehlen und Armbeugen. Spüren Sie einen Juckreiz, ist das meist ein Zeichen dafür, dass der kleine Blutsauger bereits am Werk ist: Entfernen Sie ihn vorsichtig mit einer Pinzette oder besser noch Zeckenzange.

Fotografieren im Wald:

Gerade in der Frühlingszeit lassen sich fantastische Fotos machen. Nah- und Weitwinkelaufnahmen sind selbst für einfache Digitalkameras kein Problem mehr.

Tipp für ein unverwackeltes Bild: Fotoapparat auf eine zusammengefaltete Jacke oder einen Rucksack legen und dann mit niedriger Empfindlichkeit (geringe Körnigkeit) und hoher Blende (große Schärfe im ganzen Bild) mittels Selbstauslösefunktion Foto schießen. Der tiefe Kamerastandpunkt führt zu schönen Effekten. Das Bild der Lerchenspornblüte (siehe Bild gegenüber) ist auf diese Weise in einem Stadtpark von Bamberg entstanden.

Im Sommer gelangt – im Vergleich zum Vorfrühling – nur noch ein Bruchteil des Sonnenlichtes ins Innere des Waldes und auf den Waldboden. Das menschliche Auge gleicht dies durch die Erweiterung der Pupille aus, sodass uns das nicht so sehr auffällt. Das kann eine Kamera nicht! Nun wird man überrascht sein, wie lange die Belichtungszeit für ein Bild im Dunkel des Waldes ist. Ein scharfes Foto gelingt jetzt nur noch mit der bereits beschriebenen Selbstauslöse-Methode oder einem Stativ. Hinzu kommt, dass Waldfotos bei Sonnenschein ohnehin nahezu unmöglich sind, da weder Film noch Sensor die enormen Helligkeitsunterschiede bewältigen können. Die schönsten Waldbilder lassen sich am frühen Morgen oder bei Regenwetter machen!

Tipp fürs Fernglas: Wollen Kinder den Umgang mit dem Fernglas lernen, sollte man zu einem leichten Fernglas mit max. 8-facher Vergrößerung greifen. Damit können Kinder besser umgehen und das Bild verwackelt nicht so schnell.

Tipp: In einem Wildpark o. Ä. üben, denn hier sind reichlich spannende Ziele – z. B. Tiere – vorhanden. Am besten das Fernglas wie auch den Fotoapparat immer abstützen oder auflegen, dann klappt es auch mit dem ungetrübten Sehgenuss!

Dreimal Natur-Erwachen

Von Sammeltrieben, Dufterlebnissen und Verkostungen aus dem Wald

Frühlingszeit ist Sammelzeit:

Nach tristem Wintergrau sehnen sich die Augen nach den bunten Blumen der Frühlingszeit. Wenn der Laubwald noch kahl ist und nach den ersten warmen Tagen die ganze Farbenpracht der Frühblüher durch den Boden bricht, ist es Zeit für die erste Frühlingswanderung. Dann erwacht auch in den Kindern ein besonderer Sammeltrieb: Blumen und Blätter besitzen magische Anziehungskräfte. Bitteschön – es darf gesammelt werden!

Ja, richtig, wir ermuntern hier ausdrücklich zum Pflücken von Blumen – intensiver kann der Naturkontakt nicht sein. Außerdem macht es Kindern wie Eltern gleichermaßen Spaß. Ausnahme: ganz seltene, geschützte Pflanzen, wie z. B. der Märzenbecher, und ausgewiesene Schutzgebiete. Dort darf meist nicht gepflückt werden, worüber aber Infotafeln an den Gebietsgrenzen informieren. Außerhalb solcher Gebiete ist das Pflücken häufig vorkommender Blumenarten in der Größe eines Handstraußes für private Freuden erlaubt. Die längste Freude hat man an den Blumen, wenn man sie für ein Herbarium verwendet. Dazu müssen die Blüten flach in saugfähiges Papier gelegt und mit dicken Katalogen beschwert werden. Für eine optimale Trocknung sollte das Papier einmal gewechselt werden. Nach ungefähr einer Woche ist es so weit: Endlich können wir die Blumen auf einen Karton kleben, Pflanzennamen und Fundort dazuschreiben – und eventuelle Fotos vom Fundort hinzufügen! Fertig ist das Herbarium!

Tipp: Die gepresste Blüten- und Blätterpracht lässt sich zu wunderschönen Collagen oder Kalendern verbasteln – ein solch individuelles Geschenk stellt jedes gekaufte in den Schatten!

Im Internet findet man tolle Foren (z. B. http\\forum.pflanzen-bestimmung.de), in denen versierte Pflanzenkenner auch Laien bei der Pflanzenbestimmung weiterhelfen können. Dazu braucht man ein möglichst detailreiches Digitalfoto der betreffenden Pflanze, das man dort veröffentlicht.

◀ Der Zauber des Frühlingswaldes

Dufte Düfte!

Der betörende Duft des Seidelbastes

Kinder sind echte Könner, wenn es um Gerüche geht. Sie verfügen über einen besonders feinen, ausgeprägten Geruchssinn. Also: Augen zu und schnuppern! Und zwar an allem, was uns an Blüten so „über den Weg läuft". Trainiert man das ein bisschen, sind manche Blumen mit geschlossenen Augen allein am Duft zu erkennen. Am leichtesten geht das mit dem in allen Teilen giftigen Seidelbast: Sein süßer, intensiver Geruch verrät ihn schon oft, bevor man ihn sehen kann. Er eignet sich also hervorragend zu Beginn der „Schnupper-Lehre". Bärlauch und Maiglöckchen könnten folgen. ... Unvergessliche Dufterlebnisse, die sich fürs Leben einprägen!

Imbiss aus dem Wald

Der Geschmack der Natur

Wir suchen uns unser Abendbrot selbst, dann schmeckt's gleich doppelt so gut! Eine Frühlingsexkursion mit dem Ziel der „Nahrungsbeschaffung" ist besonders spannend für Kinder, denn sie lieben es, aktiv etwas dazu beizutragen. Suchen Sie in der Nähe von Quellen echte Brunnenkresse oder die frisch ausgetriebenen Blätter des Scharbockskrautes (siehe S. 24). Sie sind, klein geschnitten, ein schmackhafter Belag fürs Butterbrot. Genauso wie

Delikatesse Bärlauch   Eine Hand voll frisch ausgetriebener Buchenblätter schmeckt lecker!

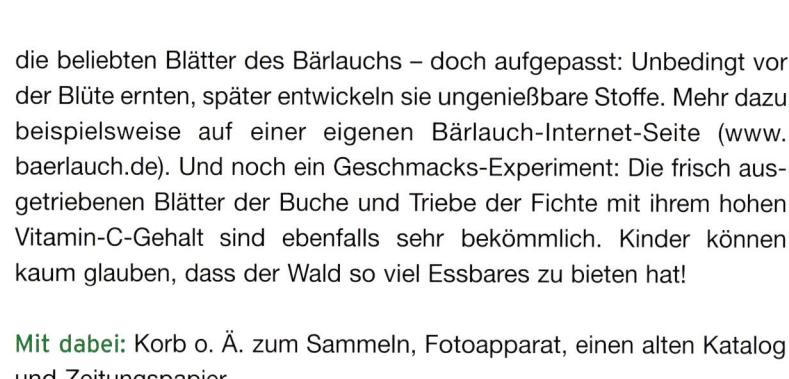

die beliebten Blätter des Bärlauchs – doch aufgepasst: Unbedingt vor der Blüte ernten, später entwickeln sie ungenießbare Stoffe. Mehr dazu beispielsweise auf einer eigenen Bärlauch-Internet-Seite (www.baerlauch.de). Und noch ein Geschmacks-Experiment: Die frisch ausgetriebenen Blätter der Buche und Triebe der Fichte mit ihrem hohen Vitamin-C-Gehalt sind ebenfalls sehr bekömmlich. Kinder können kaum glauben, dass der Wald so viel Essbares zu bieten hat!

Mit dabei: Korb o. Ä. zum Sammeln, Fotoapparat, einen alten Katalog und Zeitungspapier

Danach: möglichst schwere, alte Kataloge und Zeitungspapier zum Pressen der Blüten und Blätter – oder eine kleine Pflanzenpresse

Vertiefend: Anlage eines gut beschrifteten Herbariums mithilfe eines Bestimmungsbuches, Kartonseiten, evtl. ein Ordner bzw. Blanko-Kalender

Singendes Rotkehlchen

Der Gesang des Waldes

Vogelstimmen erlernen

Etwas für Frühaufsteher:
Wer es schafft, seine Familie in den frühen Morgenstunden in den Wald bzw. einen Stadtpark zu locken, wird mit einem vielstimmigen Konzert belohnt. Denn besonders im Frühling schmettern die Singvögel ihre Gesänge aus voller Kehle in die Runde – nicht zuletzt, um geeignete Partner zu finden. Hat man mit dem bloßen Auge einen der Solisten ausgemacht, Fernglas – fast möchte man Opernglas sagen – und Sitzkissen raus, um bequem den Vorträgen lauschen und die Piepmätze beobachten zu können. Übrigens sind öffentliche Parks und Friedhöfe die besten Ziele einer solchen Exkursion, da die Vögel dort an Menschen gewöhnt und viel zutraulicher sind.
Einer darf mit dem Fernglas beobachten, ein anderer ermittelt die Vogelart mithilfe eines Bestimmungsbuches und der Dritte

Alltag im Frühlingswald –
das Gurren der Ringeltaube

1 Buntspecht
2 Zaunkönig
3 Star
4 Kleiber

sucht auf der CD die passende Vogelstimme.
Je öfter, desto besser – und umso häufiger die Erfolgserlebnisse. Achtung – diese Art der Naturbeobachtung kann süchtig machen! Besonders leicht tun sich alle, wenn sie zuvor die Stimmen bereits per CD Probe gehört haben.

Tipp:

Locken Sie selbst Vögel an! Sie müssen nur CD-Spieler samt Aktiv-Lautsprecher mitnehmen und Ihre Vogelstimmen-CD abspielen. Einige Vogelmännchen reagieren sofort darauf: Sie kommen angeflogen, suchen den vermeintlichen Rivalen und stimmen prompt in den Gesang ein. Es funktioniert – aber leider nur kurz, da ja der Konkurrent nicht zu finden ist. So lassen sich auch mal kleine und somit schwer zu entdeckende Vögel wie Zaunkönig oder Goldhähnchen blicken.

Davor und danach: CD mit Vogelstimmen (Buchfink, Rotkehlchen, Zaunkönig, Star, Sommergoldhähnchen, Ringeltaube, Kohlmeise, Zilpzalp, Singdrossel und Amsel sollten auf jeden Fall enthalten sein).

Mit dabei: Fernglas, Sitzkissen, Bestimmungsbuch, evtl. portabler CD-Spieler mit Vogelstimmen-CD und Aktivlautsprecher

Vertiefend: Vogelstimmenexkursionen der lokalen Naturschutzverbände und Volkshochschulen, die meist auch über ein Spektiv, ein Fernrohr mit extra starker Vergrößerung, verfügen (www.naturdedektive.de, www.nabu.de).

Übrigens – ein tolles Geschenk für einen Kindergeburtstag:
ein Gutschein für eine Vogelstimmen-Exkursion!

Mit den Bäumen und Blättern auf Du und Du

Wechsel auf der Bühne des Waldes: Wo im Vorfrühling die farbenprächtigen Frühblüher den noch kahlen Laubbäumen die Show gestohlen haben, zeigen diese nun, was in ihnen steckt. Leuchtendes Grün in allen nur denkbaren Nuancen!

Zum Auftakt des Blätter-Konzerts: Weiden, Pappeln und Ulmen haben schon vor dem Neuaustrieb geblüht und sind leicht zu bestimmen. Der Spitzahorn ist seinem Verwandten, dem Bergahorn, eine Blattlänge – ein paar Tage – voraus. Genauso wie die Blüten der Vogelkirsche noch vor den Schlusslichtern Eiche und Buche hervorspitzen, denn die lassen sich am längsten Zeit mit ihrer Blätter- und Blütenpracht. Von wo, außer vielleicht vom

Natur begreifen –
1 die Eichenrinde ist rau und rissig,
2 die Rinde der Buche dagegen glatt.

Flugzeug aus, können wir das ganze Frühsommer-Spektakel am besten betrachten? Wir suchen uns einen Aussichtsturm in Waldnähe. Es versteht sich von selbst, dass sich von dort aus nicht alle Bäume bestimmen lassen, doch die Vielfalt der Laub-, aber auch Nadelbäume hat man hier auf einen Blick! Selbst die Nadelbäume sind aus der luftigen Höhe gut an ihrer Kronenform zu unterscheiden.

gefiedert gezahnt gebuchtet glatt gezackt

Doch wie kommen wir den blättrigen Hauptdarstellern so nahe, dass wir sie später problemlos wiedererkennen und bestimmen können? Ganz einfach: Runter vom Aussichtsturm und hinein in den Wald. Dort holen wir uns die Blätter und merken uns (vielleicht sogar per Foto) die Anordnung dieser am Ast – selbst die ist von Baumart zu Baumart verschieden. Gezahnte Blattränder können Hainbuche oder Ulme sein, glatte auf Buche oder Weide deuten. Was aber, wenn die Blätter in unerreichbaren Höhen schweben? Dann greifen wir auf altes Material aus dem letzten Herbst am Waldboden zurück.

Und noch eine Zuordnungs-Hilfe: Jeder Baum hat seine charakteristische Rinde. Der typisch weiß-schwarze Stamm der Birke oder der hellgraue, glatte Stamm der Rotbuche sind leicht zu unterscheiden. Doch wie die Haut des Menschen, so hat auch die Rinde der meisten Bäume unverwechselbare Züge – sie verändert sich im Laufe der Zeit. Beispiel Bergahorn: In seiner Jugend ist der Stamm ganz glatt, im Alter wird er schuppig. Am besten wir vergleichen die Rindenstruktur ungefähr gleich alter Bäume miteinander, dann liefern sie eindeutige Hinweise auf die Art.

Tipp/ Aktion: Augen verbinden und mit dem Baum auf Tuchfühlung gehen! Objekt der Begierde: Eiche und Feldahorn, denn trotz großer Ähnlichkeit der Rinde fühlt sich der Feldahorn beim Tasten viel weicher an. Das funktioniert auch mit Nadelbäumen: Die Tanne liefert das entschieden schönere Tasterlebnis, sie ist nicht so stachelig wie die Fichte! Wer's gerne duftend mag, kratzt die feinen Ästchen ein wenig an, schon verströmen sie ihren angenehmen, intensiven Geruch. Unbedingt ausprobieren!

Blatt-Memory

Tipp/ Aktion: Haben wir die Blätter zu Hause bestimmt, zweckentfremden wir sie! Wir basteln uns ein Blatt-Memo: Dazu kleben wir die zuvor getrockneten und gepressten Blätter (paarweise) auf spielkartengroße Kartons. Haltbarer wird das Ganze, wenn ein Laminiergerät zur Verfügung steht. Jetzt kann der Spielspaß beginnen – einziger Unterschied: Hat der Spieler zwei identische Blätter aufgedeckt, muss er noch den Namen des Baumes nennen, erst dann darf er die Karten behalten! So prägt sich jedes Kind – und jeder Erwachsene – die Baumarten ein.

Tipp/ Aktion: Wie viel Nachwuchs haben Bäume eigentlich? Das lässt sich ganz leicht feststellen – und man wird über das Ergebnis erstaunt sein: Wir binden an jeden Jungbaum auf der Fläche von etwa einem Quadratmeter ein Wollfädchen an die Spitze. So wird das ganze Ausmaß sichtbar. Die meist große Anzahl der Nachkömmlinge in der Nähe ihrer „Eltern" überrascht! Genauso wie manchmal die Ansammlung junger Eichen zu Füßen von Fichten oder Kiefern: Handelt es sich vielleicht um Kuckuckskinder? – Ganz und gar nicht! Hier hat wohl ein Eichelhäher sein Vorratsversteck vergessen... Wenn wir uns die Stellen merken und markieren, z. B. mit einer Astpyramide (siehe S.197), können wir die Bäumchen in ein paar Monaten besuchen und schauen, was aus ihnen geworden ist.

Mit dabei: Korb zum Sammeln der Blätter, Wollfäden, Fotoapparat, Tuch zum Verbinden der Augen
Danach: spielkartengroße Kartonseiten, Kleber, evtl. Laminiergerät

Baumkinder von oben gesehen:

1 Eichensämling
2 Buchensämling

Karte, Kompass & Co

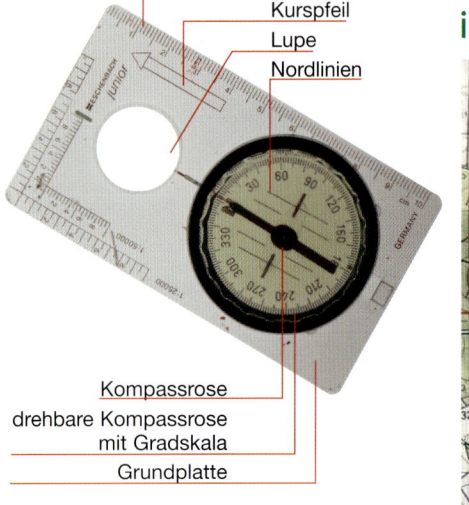

Lineal (Anlegekante)
Kurspfeil
Lupe
Nordlinien

Kompassrose
drehbare Kompassrose mit Gradskala
Grundplatte

Orientierung im Wald

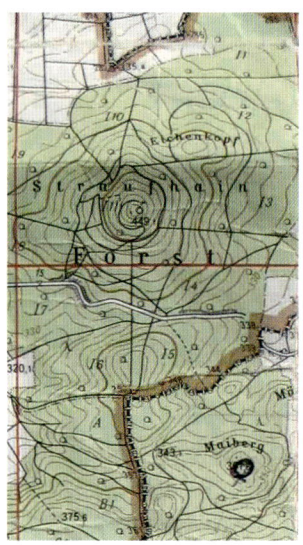

Den Wald auf eigene Faust entdecken! Wandern fernab festgelegter Wanderwege ist für die meisten Kinder ein echtes Abenteuer. Keiner kann im Voraus genau sagen, was uns auf dem Weg erwartet. Und das ist es, was Kinder so lieben!

Wie finden wir uns zurecht? Ganz einfach: mit Kompass und Karte. Je unübersichtlicher der Wald im Sommer wird, desto besser! Jetzt ist der Zeitpunkt ideal, den Umgang mit Karte und Kompass zu lernen und zu üben. Keine Angst, das ist leichter als man denkt! Dazu eignen sich am besten ein Lineal-Kompass und eine topografische Karte mit dem Maßstab 1:25.000, denn hier sind nicht nur Pfade, Quellen und Lichtungen enthalten, sondern auch Informationen über Art des Waldes, Besonderheiten wie Gedenksteine und die Form des Geländes. Das ist ja schon eine ganze Menge, und mit etwas Erfahrung können wir sogar vielversprechende Stellen für einen Wildwechsel oder einen Rastplatz ausmachen. Vor allem ermöglichen uns die topografische Karte und der Kompass Abenteuertouren jenseits normaler Wanderwege und damit spontanes Walderleben! Für unsere Unternehmung ist übrigens ein Linealkompass mit langer Anlegekante ideal. Los geht's!

Tipp / Aktion:

1. Schritt: Bevor wir richtig loslegen können, müssen wir unsere Karte einnorden: Dazu legen wir den Kompass mit der Kante an eine der senkrechten Gitternetzlinien der Karte und drehen die Karte zusammen mit dem Kompass, bis die Kompassnadel genau auf Norden (auf die

Nordmarke) zeigt. Schön flach halten, damit die Nadel sich gut einpendeln kann! Gut zu wissen: Bei Landkarten ist Norden immer oben und Ortsnamen sind immer von West nach Ost, also in 90 Grad zur Kompassnadel, eingezeichnet.

2. Schritt Wir suchen uns auf der Karte ein Ziel, z. B. einen Teich oder eine Waldlichtung. Nun verbinden wir mit dem Lineal bzw. der Anlegekante des Kompasses Start und Ziel – manchmal hilft es, die Linie mit dem Bleistift einzuzeichnen oder aber ein Zwischenziel zu wählen. Jetzt stimmt die Kompassnadel nicht mehr mit der Nord-Süd-Anzeige auf dem äußeren Ring, der Kompass-Skala, überein. Das beheben wir: Wir drehen die Skala, also den Ring, bis die Nordspitze der Nadel wieder auf die Nordmarkierung der Skala zeigt. Nun zeigt der Kurspfeil (immer in der Mitte oben) die Richtung an, in die wir gehen müssen. Am Rande des Rings ist bei N (Norden) auch eine Zahl (= Marschzahl) abzulesen, die den Winkel anzeigt, den unser Weg von der Nordrichtung abweicht.

3. Schritt: Gleich wird's spannend: Wir setzen uns in Bewegung! Dazu nehmen wir nun den Kompass flach in die Hand und achten darauf, dass die Nadel immer auf Norden zeigt. Nun müssen wir nur noch in die Richtung des Kurspfeils auf dem Kompassgehäuse (= Marschzahl) gehen! Da es ein bisschen anstrengend ist, dauernd auf den Kompass zu schauen, merken wir uns ein sichtbares Ziel in der Marschrichtung (z. B. Baum), laufen dorthin und überprüfen erst da wieder die Richtung per Peilung. So kommen wir Etappe für Etappe dem Ziel näher. Dann kann nichts bzw. niemand mehr „schief laufen"!

Nicht verzagen, wenn's am Anfang etwas langsam vorangeht und noch etwas Übung bedarf! Das Erfolgserlebnis ist umso größer, wenn wir das Ziel erreichen – die allmähliche Routine lässt die Mühen zu Beginn schnell vergessen. Natürlich ist auch unsere topografische Karte ein guter Ratgeber. Anhand der Höhenlinien und anderer Informationen lässt sich der derzeitige Standort ebenfalls gut überprüfen.

Tipp für Ungeduldige:
Sollte es den Kindern die ersten Male etwas zu langsam gehen, verteilen Sie gleich kleine Aufgaben, wie z. B. Schritte zählen, die sie später mithilfe des persönlichen Schrittmaßes in zurückgelegte Meter umrechnen können.

Die Ast-Pyramide ist fertig

Umgehung eines Hindernisses

Was ist, wenn ein Hindernis auftaucht? Selbst schwer zu durchquerender Jungwald, Zäune und andere Unwegsamkeiten lassen sich mit Kompass einfach umgehen, indem wir im rechten Winkel (90 Grad) nach links oder rechts ausweichen, dabei die Schritte zählen, dem ursprünglichen Kurspfeil (bzw. der Marschzahl) wieder folgen und nach Passieren des Hindernisses die gleiche Anzahl an Schritten wieder entgegengesetzt zurückgehen. So befinden wir uns wieder auf der eigentlichen „Zielgeraden" (und in Richtung der Marschzahl) und können die Exkursion ungestört fortsetzen.

Tipp: Kompass Marke Eigenbau

Wir brauchen: Eine Wasserpfütze (oder eine Schale mit Wasser), eine Löwenzahnblüte oder ein Rindenstück und einen Nagel (oder Nadel). Erst magnetisieren wir den Nagel, indem wir ihn mehrere Male über einen Magneten, einen Fahrraddynamo oder einen Elektromotor streifen. Es funktioniert sogar, wenn wir den Nagel über einen Fleece-Pulli reiben. Nun legen wir ihn auf die Blüte bzw. Rinde und setzen beide ins Wasser. Sofort richtet sich die Blüte in Nord-Süd-Richtung aus. Da im Osten die Sonne auf- und im Westen untergeht, wissen wir je nach Tageszeit, welches Nagelende in Richtung Norden zeigt. Eine einfache, aber effektive Variante des Kompasses, die sich immer wieder neu herstellen lässt.

Mit dabei: topografische Karte, (Lineal-)Kompass, evtl. Bleistift
Danach: für den Kompass Marke Eigenbau: einen Nagel, Blüte oder Rinde, evtl. Schale mit Wasser
Vertiefend: Mehr zum Thema Orientierung und topografische Karten auf den Web-Seiten der Landesvermessungsämter.

Wir legen uns auf die Lauer...

Wild auf wilde Tiere?

Dann ist der Sommer die beste Zeit für Tierbeobachtungen auf einer Waldlichtung! Deren Bewohner sind aktiver als im Winter, die Tage länger und das Wetter ist ideal zum „Belauern". Es versteht sich von selbst, dass eine solche mehrstündige Exkursion schon etwas Geduld voraussetzt und somit eher für ältere Kinder geeignet ist. Einziger Wermutstropfen: Wir müssen richtig früh raus, es wird ja schon bald hell und frühmorgens lassen sich die Tiere am besten beobachten! Ein kleiner Imbiss reicht aus und möglichst wenig (!) trinken, um später nicht in Verlegenheit zu geraten… Natürlich packen wir Proviant und heißen Tee für unser späteres Waldfrühstück mit ein – auch Warten macht hungrig. Sitzkissen oder noch besser Klapphocker leisten gute Dienste, denn es sollte schon bequem sein, wenn man die meiste Zeit still sitzen muss. Andernfalls vertreiben wir die scheuen Tiere gleich durch das Rascheln der Kleidung bei „Positionswechsel"!

Baumläufer mit Futter

Und nun: Psssst und Augen auf!

Erscheint aber endlich ein Reh auf der Lichtung, ist die Spannung nicht zu überbieten. Jetzt bloß keine falschen Bewegungen machen, also ganz sachte – und hoffen, dass der Wind nicht in seine Richtung weht. Rehe, Hirsche und Wildschwein riechen extrem gut und nehmen jede hastige Regung sofort wahr – zu ihrem eigenen Schutz. Die Farbe der Kleidung hingegen spielt – entgegen der landläufigen Meinung – keine große Rolle. Große Waldtiere können Farben kaum unterscheiden!

Nicht entmutigen lassen, wenn mal kein Großwild – wie Wildschein, Reh oder Hirsch – „vorbeischaut"! Kleine Entdeckungen machen mindestens genauso viel Spaß: Mal flitzt eine kleine Spitzmaus vor den Füßen herum, mal wirft eine Singdrossel mit hastigen Bewegungen Laub auf, um darunter essbares „Kleingetier" aufzustöbern. Überhaupt verdienen auch die kleinsten Waldtiere unsere Aufmerksamkeit: Beispielsweise die gut getarnte Schmetterlingsraupe des Zitronenfalters. Sie macht sich an den Blättern des Faulbaumes (eines häufig vorkommenden Strauches, siehe Bestimmungsbüchlein S. 26, 27) zu schaffen. Unter Steinen, Wurzeln und hinter der Rinde abgestorbener Bäume finden wir ganze Welten von Käfern, Spinnen und anderen Kleintieren. Wie viel unterschiedliche Arten können wir entdecken? Genau schauen lohnt sich!

Tipp / Aktion: Wer die Entwicklung einer Zitronenfalter-Raupe bis zum Schlupf des Falters mitverfolgen will, braucht – streng genommen – eine Genehmigung der Unteren Naturschutzbehörde. Die gibt es in jedem Landkreis bzw. in den kreisfreien Städten. Keine Angst, hier rennt man mit einem solchen Anliegen meist offene Türen ein! Anruf genügt.

Raupe des Zitronenfalters

Puppe des Zitronenfalters

Zitronenfalter

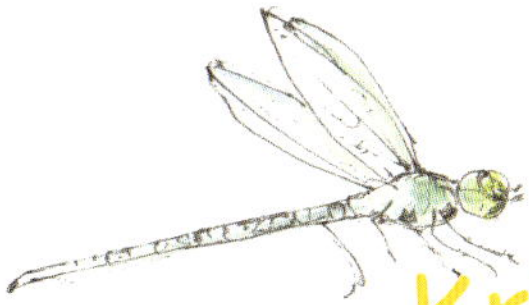

Krimi am See

Hightech-Wesen auf der Jagd

Die Wasserwelten im Wald sind im Hochsommer Tummelplätze vielfältigen Lebens und Tatort für ein Schauspiel besonderer Art: Während Teichfrösche um die Wette quaken und Karpfen nach Luft schnappen, gehen die Libellen auf Raubzug. Ihre Flug- und Jagdkünste sind geradezu spektakulär: Wie Hubschrauber können sie in der Luft stehen, im Sturzflug ihre Beute attackieren und sogar rückwärts fliegen. Betrachtet man ihre – im Vergleich zum Körper – riesigen Facettenaugen, die aus Hunderten von Einzelaugen bestehen und mit denen sie selbst beim rasantesten Flugmanöver noch die kleinsten Bewegungen scharf sehen können, wird schnell klar:

Hier ist eine Mosaikjungfer gerade geschlüpft.

Eine Vierfleck-Libelle auf ihrer Ruhewarte

Quakender Teichfrosch

Libellen sind wahre Hightech-Wesen! Wer die wunderschönen Geschöpfe einmal aus der Nähe betrachten will, sollte dies früh am Morgen angehen, denn dann sind sie von der Nachtkühle noch steif und unfähig zu fliegen. Natürlich sind sie nicht die einzigen Waldbewohner, die sich an einem Teich blicken lassen: Im schlammigen Uferbereich finden wir wunderbar scharfe Abdrücke der Hufe von Reh und Wildschwein oder die Spuren von Fuchs, Iltis oder Graureiher. Ist man zeitig auf den Beinen, kann man sich sicher sein, Zeuge geschäftiger, tierischer Aktivitäten im Wald zu werden.

Tipp/ Aktion: Wir werden Augenzeuge eines Krimis am Weiher! Dazu nehmen wir uns die Zeit, die Jagdszene einer Großlibelle zu beobachten: Immer wieder versucht das räuberische Insekt, eine Beute zu erhaschen, bis es endlich Erfolg hat. Aufregend wird's, wenn das Opfer ein Schmetterling ist: Hat die Libelle den Falter erst einmal mit ihren Fangzangen gepackt, gibt es kein Entrinnen mehr! Noch im Flug beißt sie die ungenießbaren Flügel des Schmetterlings ab, die dann wie Blütenblätter leicht auf die Wasseroberfläche herabschweben. Sofort macht sich der fliegende Räuber über den Falter her. Der Nachwuchs der

Die Eipakete der Stechmücken schwimmen auf der Wasseroberfläche (zum Größenvergleich ein Streichholzkopf).

Die Larven der Stechmücke atmen über Rohre und ernähren sich von kleinsten Schwebteilen im Wasser.

Libelle ist nicht minder räuberisch: Selbst die unscheinbar gefärbten Larven im Wasser sind in der Lage, Kaulquappen und andere Kleintiere zu erbeuten. Sind sie ausgewachsen, klettern sie an einem Halm oder Ast in die Luft empor und sprengen ihre Larvenhaut: Zum Vorschein kommt eine wunderschöne Libelle. Die Larvenhaut bleibt an der Ausstiegsstelle zurück und zeigt uns, wo wir einen solchen Schlupf einmal live miterleben können.

Tipp/ Versuch: Unempfindliche Gemüter können sich einmal bewusst den Mücken zum Fraß oder vielmehr zum Stich vorwerfen. Dazu müssen wir erst den Drang, die Mücke abzuschütteln, unterdrücken und sie an uns frühstücken lassen. „Hautnah" beobachten wir nun, wie ihr Hinterleib durch die diesmal ganz freiwillige Blutspende leuchtend rot anschwillt. So unangenehm sie uns Menschen erscheint: ihre Larven sind eines der wichtigsten Grundnahrungsmittel im Waldteich – ohne sie würde die Nahrungspyramide von Frosch über Ringelnatter bis hin zum Graureiher nicht funktionieren.

Mit dabei: Badehose, altes Handtuch, evtl. Mückenschutzcreme für die Badeaktion und eine den Juckreiz stillende Salbe für den Selbstversuch mit der Mücke.

Bevor es ernst wird

Notfall-Simulation im Wald

Aktion: Wir proben den Ernstfall! – Angenommen: Ein Familienmitglied hat sich das Bein gebrochen, das Handy hat keinen Empfang und wir wissen nicht, wo wir uns befinden (weil wir das Kapitel mit Kompass und Karte überschlagen haben). Wir können unmöglich den Verletzten alleine zurücklassen. Eine Trage muss her! Und die bauen wir uns jetzt: Im Notfall würden dazu Messer und Schnur reichen, doch wir „proben" das mit einer Säge, damit es nicht zu lange dauert. Zuerst müssen wir von Haselnusssträuchern passende Ruten absägen. Mit dem Messer entfernen wir nun die kleinen Äste und schneiden die Längen wie in der Abbildung (rechts oben) zu.

Aber Achtung: Beim Arbeiten mit dem Messer gilt der Grundsatz: Immer vom Körper wegbewegen und niemals mit einem offenen Messer laufen! Das Messer erst aufklappen oder aus der Scheide ziehen, wenn die Arbeit tatsächlich beginnt! Nun kommt der vielleicht nützlichste und wichtigste Teil, denn was wir jetzt lernen, können wir täglich gebrauchen:

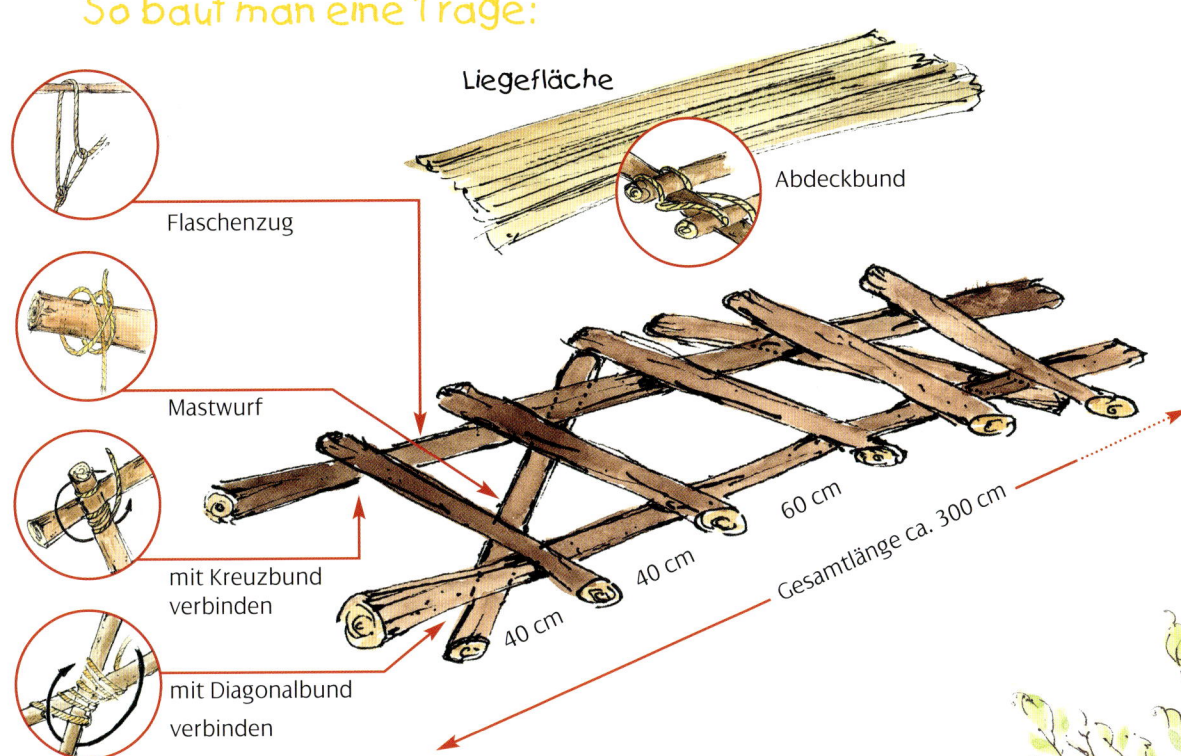

die richtigen Knoten! Im Bestimmungsteil (S. 43 bis 44) finden Sie detaillierte Skizzen zu allen folgenden Knoten.

Mit dem Kreuzbund verbinden wir die Querhölzchen mit den Längsholmen und mit dem Diagonalbund die Diagonalstreben, die für die Stabilität ganz entscheidend sind. Um die gesamte Konstruktion noch fester zu gestalten, spannen wir die Streben mit dem einfachen Flaschenzug in Kombination mit dem Mastwurf gegen die Holme ab. Schon ist unsere Trage fertig.

Um die Liegfläche etwas komfortabler einzurichten, knüpfen wir dünne Äste mit dem Abdeckbund auf die Querhölzer. Nun ist alles bereit für den Krankentransport!

Gut zu wissen: Mastwurf und einfacher Flaschenzug (mit Schleifknoten) sind nützliche Knoten im Alltag: Hängematten und Wäscheleinen lassen sich richtig straff aufhängen, Lasten am Autodach sicher verstauen!

Wichtig: Alle angewandten Knoten hier können wir problemlos wieder lösen.
Beherrscht man die vier wichtigsten Knoten (Mastwurf, Achterknoten, Schleifknoten und Flaschenzug), kann man nahezu alle Situationen im Alltag meistern, in denen es auf Knoten ankommt! Im Bestimmungsteil finden Sie detaillierte Skizzen zu den Knoten.

Mit dabei: Messer, Schnur, kleine Säge, Meterstab

Ein Blätterdach über dem Kopf

Übernachten wie die Naturvölker in Afrika – unter einem Blätterdach!

Wir wollen diese naturnahe Behausung nachbauen: mit einer Kuppeldach-Laubhütte. Dazu benötigen wir 50 Haselnussruten (1,5 – 2 m lang und 1 – 2 cm Ø), die wir mit Astschere oder Messern von den Sträuchern schneiden, und reichlich verrottbare Paketschnur. Nun verbinden wir die Ruten per Parallelbund wie auf der Skizze miteinander. Anschließend biegen wir die Äste, stecken sie ungefähr 10 cm als offenen Kreis in die Erde und verknoten sie mit der Schnur am Scheitelpunkt. In die Zwischenräume flechten wir weitere Äste und Blätter, sodass eine geschlossene Kuppel entsteht.

Mit Stirnlampe im nächtlichen Wald – fotografiert mit Stativ, offener Blende und langer Belichtungszeit.

So baut man eine Kuppeldach-Laubhütte

Ruten miteinander verbinden,... ← Länge ca 1,5 – 2 m →

...biegen und 10 cm tief in die Erde stecken...

... und am Scheitelpunkt verbinden.

Fertig zum Einzug!

Jetzt bereiten wir mit unseren Isomatten und Schlafsäcken ein komfortables Nachtlager und harren der spannenden Dinge, die da kommen. Sobald es dunkel ist, lauschen wir den Geräuschen des Waldes. Vielleicht hören wir das Rascheln von Mäusen oder das heisere Bellen von Rehen. Die meisten Kinder sind so aufgeregt, dass an Schlafen gar nicht zu denken ist! Dann können wir Folgendes machen:

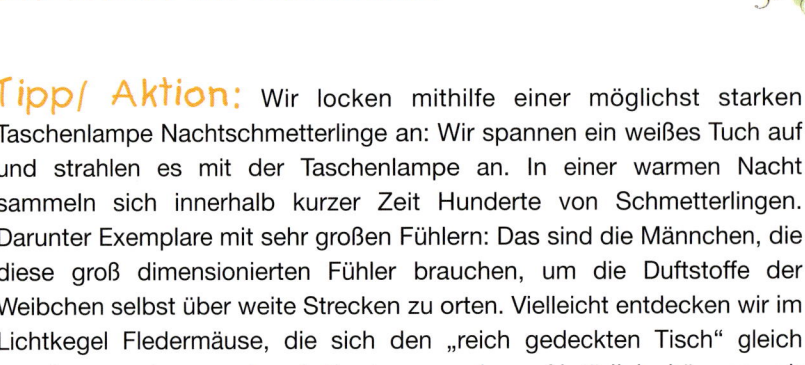

Eine Nacht im Wald
Die Stunde der Nachtfalter

1 Die Falter-Lock-Station

2 Die Stunde der Nachtfalter

3 Die riesigen Fühler der Nachtfalter-Männchen

Tipp/ Aktion: Wir locken mithilfe einer möglichst starken Taschenlampe Nachtschmetterlinge an: Wir spannen ein weißes Tuch auf und strahlen es mit der Taschenlampe an. In einer warmen Nacht sammeln sich innerhalb kurzer Zeit Hunderte von Schmetterlingen. Darunter Exemplare mit sehr großen Fühlern: Das sind die Männchen, die diese groß dimensionierten Fühler brauchen, um die Duftstoffe der Weibchen selbst über weite Strecken zu orten. Vielleicht entdecken wir im Lichtkegel Fledermäuse, die sich den „reich gedeckten Tisch" gleich zunutze machen und auf Beutezug gehen. Natürlich können wir Fledermäusen auch ohne lockendes Licht begegnen: Dann geht man am besten an den Rand einer Lichtung oder entlang von Waldwegen – dort sind die Chancen besonders gut.

Bester Beobachtungspunkt: Auf dem Boden liegend in den Himmel schauend, dann heben sich die Silhouetten der Flattertiere gut von der Umgebung ab!

Davor: Ganz wichtig: Wir müssen uns die Erlaubnis des Waldbesitzers einholen, in seinem Gebiet Haselnussruten zu schneiden, die Hütte zu bauen und darin zu übernachten (siehe Kapitel „Wem gehört der Wald", S. 183)!

Mit dabei: verrottbare Paketschnur, Messer bzw. Astschere, Taschen- und evtl. wasserdichte Stirnlampe, Mücken- und Zeckenschutzmittel, mückendichte Kleidung (möglichst feines Mischgewebe), Schlafsäcke, Isomatten, weißes Tuch und natürlich Lieblings-Proviant!

Tipp / Aktion:

Lockende Köstlichkeiten: Da Schmetterlinge wahre Schleckermäuler sind, lassen sie sich am besten mit einem fruchtig-süßen Gemisch anlocken. Dazu kochen wir Honig oder Sirup und Malzbier in gleichen Mengen auf und fügen einen Schuss Apfelsaft hinzu. Mit diesem Köder bestreichen wir einen Ast bzw. Baustamm in der Nähe. Dann warten wir, bis es dunkel wird, beleuchten unsere Köderfalle mit der Taschenlampe und lassen uns vom Anblick der vielen verschiedenen Falter bezaubern, die an den süßen Säften saugen! Welche „Flatterlinge" konnten dem intensiven Duft unseres „Zaubertranks" nicht widerstehen? Wer möchte, kann eine Liste über Anzahl und Art der Besucher führen…

Herbstwald erleben –

mit allen Sinnen

Im Herbstwald ist alles intensiv: Die leuchtenden Schattierungen der Laubbäume, die kräftigen Farben reifer Pilze und Früchte sowie die betörende Mischung verschiedenartigster Gerüche. Erntezeit für Mensch und Tier! Es gibt nichts Köstlicheres, als sonnengereifte Wildfrüchte, wie Blau- oder Brombeeren, direkt vom Busch zu naschen, Preiselbeeren für eigene Marmeladen-Kreationen zu sammeln oder sich die schmackhaften Pilzsorten, wie Steinpilze oder Pfifferlinge, für ein schönes Pfannengericht mit nach Hause zu nehmen. So kann man den Wald nicht nur als Augenschmaus genießen, sondern ihn auch schmecken! Für unsere Unternehmungen warten wir auf einen warmen Bilderbuch-Herbsttag – dann sind die Eindrücke besonders deutlich.

Tipp/ Aktion:
Tausendfüßler: Na ja, auf so viele Füße bringen wir es wohl nicht, aber je mehr mitmachen, desto besser. Einer ist der Kopf und damit der Anführer der Barfußraupe. Der Rest lässt sich die Augen verbinden und reiht sich hinter dem Kopf ein – Hände jeweils auf den Schultern des Vordermanns. Alle ziehen Schuhe und Strümpfe aus und der Sinnes-Parcours beginnt: Er führt uns über frisches Herbstlaub, durch feuchtes Gras, über einen bemoosten Stamm und vielleicht sogar durch einen kleinen Waldbach. Wir verlassen uns dabei ganz auf unseren Tastsinn. Kaum zu glauben, wie sich dabei die Art der Wahrnehmung verändert! Übrigens eine schöne Aktion für Kindergeburtstage!

Tipp/ Aktion:
Ein Teil des Waldbodens werden: Einer legt sich auf den Waldboden und lässt sich komplett mit Laubstreu zudecken – nur das Gesicht bleibt frei! Alle Eindrücke zusammen verschmelzen zu einer intensiven Sinnes-Erfahrung: die Leichtigkeit und der würzige Duft der Blätter, die erdige Kühle des Waldbodens und die luftige Perspektive des Herbsthimmels. Wiederverwendung: Die Rot-, Braun- und Gelbtöne des Laubes in all seinen Schattierungen laden zum Basteln einer Herbstlaub-Palette ein: Wir suchen die jeweils schönsten Exemplare, sortieren sie nach Farbintensität und kleben sie – getrocknet und gepresst – auf einen Karton.

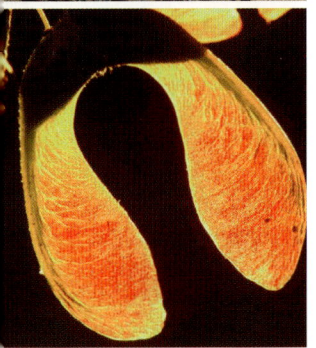

Die Farben des Herbstwaldes

Tipp /Aktion:
Starthilfe für waldigen Nachwuchs:
Es ist herrlich, den Wald in seiner ganzen Fülle im Herbst zu erleben. Heute wollen wir den Nachkommen der Bäume auf die Sprünge helfen: Zuerst sammeln wir verschiedene Früchte und Samen von Bäumen und Sträuchern, suchen uns eine lichte Stelle und vergraben sie ein paar Zentimeter tief in der Erde. Zuletzt markieren wir unsere Saat mit einer Astpyramide (siehe S. 196), damit wir im Frühjahr beobachten können, wie die Samen zu keimen beginnen und ihre ersten Blätter austreiben. Eine gelungene Nachwuchsförderung!

Tipp/ Aktion:

Besuch im Wildpark: Der Herbst ist auch für die Tiere eine besondere Zeit. Am besten können wir sie in einem Wildpark beobachten. Im Oktober beginnt die Paarungszeit (Brunft) des Rotwildes, und das ist unüberhörbar: Eifersüchtig bewacht der Platzhirsch sein Rudel aus weiblichen Tieren und unterstreicht seine Besitzansprüche durch lautes Röhren! Taucht ein Rivale auf, wird's ernst: Dann kommt es zum Kampf mit den mächtigen Geweihen (www.rothirsch.org).

Ein kapitaler Rothirsch

Naturwaldreservate – Urwälder im Westentaschen-Format

In unseren Wäldern findet man, systematisch über ganz Deutschland verteilt, sogenannte Naturwaldreservate.
Die Forstverwaltungen geben Auskunft über die genaue Lage. In diesen Wäldern wurde schon vor Jahrzehnten die gesamte Nutzung eingestellt. Altersschwache Bäume dürfen dort eines natürlichen Todes sterben. Zum Glück für die Pilze: Sie spielen eine große Rolle beim Abbau des Totholzes. Da viele Pilze im Herbst ihre wunderschönen Fruchtkörper ausbilden, sind sie dort leicht zu entdecken. Daher lohnt sich gerade im Herbst der Besuch dieser Mini-Urwälder.

Vertiefend: Wer noch tiefer ins Waldwissen einsteigen will, kann sich an eines der Walderlebniszentren wenden, die es in der Nähe beinahe jeder Großstadt gibt. Ob als Einzelperson oder Familie – jeder kann dort unter fachmännischer Anleitung an interessanten Führungen durch den heimischen Wald teilnehmen und den Wald mithilfe moderner Umweltpädagogik mit allen Sinnen erleben.

1 Naturwaldreservate werden nicht genutzt.

2 Der Fruchtkörper eines holzzersetzenden Pilzes

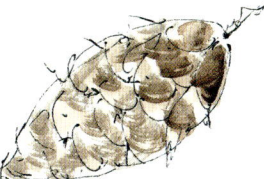

Der Boden Lebt!

Steinläufer

Wir treten sie täglich mit Füßen – und wissen gar nicht, welche Vielfalt in einer Handvoll Erde steckt! (siehe S. 130 – 135). Das sollten wir einmal genauer untersuchen: Wir nehmen eine Lupe, ein Sieb und eine kleine Wanne, die wir mit weißem Papier auslegen. Nun lassen wir eine Handvoll Walderde samt Laub durch das Sieb in die Wanne rieseln und klopfen dabei ein paar Mal dagegen. Kleine dunkle Brösel fallen auf das Papier. – Brösel? Da bewegt sich doch was! Nein, hier bebt nicht etwa die Erde, sondern eine Vielzahl von Kleinstlebewesen: Pseudoskorpione, Springschwänze und Hundertfüßler versuchen umgehend zu flüchten. Jetzt rücken wir ihnen mit der Lupe zu Leibe, um sie genau betrachten zu können.

Das geht auch in größeren Dimensionen: Wer noch mehr fangen und beobachten möchte, bringt sich gleich einen ganzen Eimer voll Walderde mit nach Hause und füllt einen Teil in ein Sieb über einer Wanne. Mit einer starken Lampe, die viel Wärme abgibt, beleuchten wir nun die Erde von oben und siehe da: Es wimmelt plötzlich von Bodenlebewesen, da sie sich vor Licht und Wärme in tiefere Schichten – die es hier nicht gibt – davonstehlen wollen. Und schwups, fallen sie durch das Sieb in die Wanne und müssen sich wohl oder übel unsere Untersuchungen gefallen lassen, bevor wir sie wieder in die Freiheit entlassen. Tipp zum Bestimmen: Sortieren der Tiere nach Anzahl der Beine, z. B. in leere Schachteln, um sie anschließend mit nebenstehender Bestimmungshilfe grob einzuordnen.

Mit dabei: Lupe, grobes Sieb, weißes Papier, Eimer

Abenteuer-Romantik
am Lagerfeuer

Wenn die Tage kürzer werden und die Temperatur schon am frühen Nachmittag sinkt, ist ein Lagerfeuer genau das Richtige, um sich aufzuwärmen. Stopp! Im Wald darf man kein Feuer machen – das ist nur Waldbesitzern erlaubt. Sind wir allerdings mindestens 100 Meter vom Wald entfernt, können auch wir ein Feuer schüren. Geeignet: Schotterbänke an Flussufern, Rand eines abgeernteten Feldes oder vielleicht altbewährte Feuerplätze. Vorher halten wir aber Rücksprache mit dem Besitzer! Trockene Äste sammeln wir gleich im Wald nebenan – vom Boden. Mit unserer Trage schultern wir das Brennmaterial bis zur Feuerstelle, die wir mit Steinen einfassen. Ein Kanister mit Wasser zum Löschen sollte immer bereitstehen. Natürlich ist es eine Frage der Ehre, das Feuer mit nur einem Streichholz anzuzünden!

Tipp: Rindenteile der Birke sind geeigneter Zunder, sie brennen immer, selbst bei Nässe. Das Abziehen schadet dem Baum nicht.
Bei starkem Wind und allgemeiner Brandgefahr lassen wir natürlich die Finger vom Feuer! Es versteht sich von selbst, dass wir es mit Wasser löschen, bevor wir gehen und alle Abfälle mitnehmen.

Dabei: Streichhölzer, evtl. Kartoffeln oder Würstchen zum Grillen, Kanister mit Wasser, (evtl. Stöcke aus dem Wald und Teig für Stockbrot)

Rezept für Stockbrot:

400 g feines Mehl
1 TL Salz
1 Würfel Hefe (oder 1 Packung Backpulver)
0,2 l lauwarmes Wasser (oder Milch)
1 TL Zucker
3 EL Öl

Köstlichkeit aus dem Feuer:

Mehl mit Salz mischen, in der Mitte eine Mulde drücken, dorthinein zerdrückte Hefe oder Backpulver und obendrauf Zucker geben. Lauwarmes Wasser bzw. Milch mit Öl hinzufügen, sodass sich die Hefe bzw. das Backpulver auflösen. 10 Minuten gehen lassen. Anschließend alles zu einem geschmeidigen, festen Teig kneten. Noch mal an einem warmen Ort gehen lassen, dann kann's losgehen: Wir wickeln den Teig portionsweise um einen Stock und halten ihn in die Glut! Aufpassen, dass die Kruste nicht zu schwarz wird. Ist es doch einmal passiert, einfach nur das Innere essen. Köstlich!

Tipp/Aktion:
Wir machen die Nacht zum Tag

Gänsehaut-Feeling garantiert: Nachts in den Wald zu gehen, jagt nicht nur Kindern einen schaurig-schönen Schauer über den Rücken! Die Zeit um Vollmond eignet sich am besten für unsere nächtlichen Aktivitäten. Es ist schon verblüffend, wie hell er uns in einer wolkenlosen Nacht den Weg im Wald weist. Die Bäume werfen wie am Tag richtige Schatten und beflügeln die kindliche Fantasie: Überall lauern Schattenmonster…

Das menschliche Auge erreicht die volle Sehleistung im Dunkeln erst nach einer Stunde! Als zusätzliche Lichtquelle nehmen wir Stirnlampen und Handstrahler mit, die wir aber nur sparsam einsetzen. Wir wollen uns wenigstens zeitweise ganz auf unser Gehör verlassen, den Geräuschen im Dunklen lauschen, flüstern, schleichen…

aufgeplustertes Rotkehlchen

Maus im Laub versteckt

Waldkauz-Porträt

Was war das? Gruselige Heultöne schallen in unser Ohr und lassen uns einen Moment erstarren. Ein Aufatmen geht durch die Familie – es war nur ein Waldkauz-Männchen, das bereits in der kalten Jahreszeit sein Revier abgrenzt. Da! Direkt vor uns raschelt es am Boden – unsere Lampe bringt es ans Licht: eine kleine Maus springt verstört davon…

Im Licht unseres Strahlers entdecken wir noch mehr Aufregendes: Zwei leuchtende Augen funkeln uns aus dem Dunkel an – mit etwas Glück begegnen wir einem Fuchs, einem Wildschwein oder Rehen, die nachts nicht ganz so scheu wie am Tage sind. Oder wir stöbern einen kleinen Vogel auf, der dick aufgeplustert im Gebüsch oder einer Nische sitzt und nicht so recht weiß, wie ihm geschieht!

Wer möchte, kann eine solche Nachtwanderung auch mit einer Tierbeobachtung auf einer Waldlichtung kombinieren, dann aber bitte Schlafsack zum Warmhalten mitnehmen!

Wer einmal im Wald die Nacht zum Tage macht, wird mit einer wundervollen Stimmung belohnt – vergleichbar mit der Ruhe und Erhabenheit einer großen Kathedrale. Kinder sind besonders empfänglich für solche Momente. Wer es zulässt, wird in einer solchen Nacht auch eine innere Reise antreten und mit einer ganz besonderen Gelassenheit in den Alltag zurückkehren.

Davor: Warm anziehen, denn auf dieser Wanderung geht es nicht um einen Leistungsmarsch, sondern um langsames und vorsichtiges Herantasten mit vielen Steh- und Sitzpausen. So lassen sich die besten Entdeckungen machen. Kalte Füße machen ungeduldig!

Mit dabei: Stirnlampe, Handstrahler (starke Taschenlampe mit großer Reichweite), evtl. Sitzkissen, Schlafsack bzw. Daunenjacke, ausreichend Proviant und warme Getränke

Vertiefend: Wer möchte, kann das Waldkauz-Männchen mit einer Vogelstimmen-CD (siehe S. 191) – anlocken.

Privatdetektive auf Spurensuche

Tatsächlich kommt ein Streifzug durch den Winterwald der Arbeit eines echten Detektivs erstaunlich nahe: Bestandsaufnahme, Indizien und eindeutige „Beweisstücke" suchen, Spuren verfolgen, dokumentieren und Schlüsse ziehen – all das gehört auch zu unserer Waldexpedition. Und der Winterwald macht es uns – besonders bei Schnee – leicht, den Tieren auf die „Schliche" zu kommen.

Die Waldbewohner spielen die Hauptrolle in unserem „Krimi": Fragt man Kinder, was sie am allerliebsten im Wald erleben möchten, so sind sie sich sofort einig: „Wir wollen die Tiere des Waldes sehen!"

Die kurzen Wintertage und das "Energiespar-Programm" vieler Tiere machen dieses Unterfangen besonders im Winter nicht einfach. Doch mithilfe der Spurensuche können wir zumindest die Anwesenheit so mancher Waldtiere nachweisen.

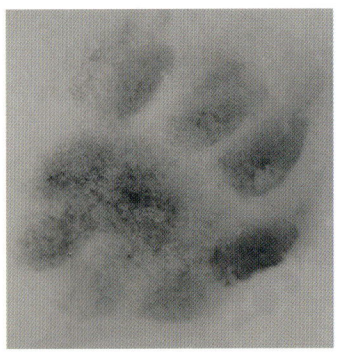
Pfotenabdruck
eines Fuchses

Kotbällchen
von einem Reh

Hier hat sich ein Reh
ausgeruht.

Spuren:

Wie finde ich Spuren?

Bei Schnee – kein Problem. Was aber, wenn kein Schnee liegt? Dann geht's in den Schlamm! Entlang von Bachläufen, Gräben oder in Quellgebieten findet man auch ohne Schnee Pfoten- und Hufabdrücke. Oder wir suchen uns sogenannte Wechsel, regelmäßig genutzte Tier-Pfade, die mit bloßem Auge leicht zu erkennen sind.

Beweismittel Pfoten- oder Hufabdruck: Sie stehen ganz oben auf unserer „Fahndungsliste". Form und Abfolge geben wertvolle Hinweise, um welches Tier es sich handelt (siehe Bestimmungsteil S. 6 – 7). Jetzt gilt es, der Spur so lange wie möglich zu folgen, um noch mehr Indizien zu entdecken und zu sammeln. Kinder sind stets mit Feuereifer dabei, mehr über die Lebensgewohnheiten der Waldbewohner zu erfahren. Geht man einer Fuchsspur nach, so gelangt man vielleicht zu seinem Fuchsbau oder entdeckt eine Stelle, an der der Fuchs ein Mäusenest aufgestöbert und ausgegraben hat.

Drei Fährten im Schnee – eine große und zwei kleine – sagen uns ganz klar: Hier war eine Rehmutter (Ricke) mit ihren beiden Kitzen unterwegs. Noch offensichtlicher ist es, wenn wir auf einen Wechsel stoßen. Dann folgen wir den „Trampelpfaden", bis wir auf einen Ruheplatz oder Kot treffen. Zur Beweisaufnahme: Foto knipsen und zum Größenvergleich eine Münze oder Finger mit ablichten!

Beweismittel Kotspur: Und schon sind wir bei der nächsten Spur, die

Wühlspuren von Wildschweinen

Wildschwein reibt sich an Malbaum

Hackspuren eines Schwarzspechtes

uns weiterhilft: der Kotspur. Wahrscheinlich stoßen wir bei unserer „Verfolgungsjagd" auf eine Losung (= Kot), die Füchse beispielsweise gerne auf erhöhten Stellen ablegen, um ihr Revier zu markieren. Sie aufzuspüren ist vergleichsweise einfach, sie zu deuten und in detektivischer Kleinstarbeit den einzelnen Tieren zuzuordnen, ist hochinteressant und macht zudem nicht nur Kindern ungeheuren Spaß.

Beweismittel Alltagsspuren: Wildschweinsuhlen –eine wahre Fundgrube für Natur-Detektive: Wildschweine suhlen sich auch im Winter gerne, sofern kein strenger Frost herrscht. Diese „Schlamm-Badeplätze" der Wildschweine sind äußerst ergiebig und leicht zu finden. Einfach einem kleinen Waldbach ein Stück weit folgen und schon stoßen wir früher oder später auf deutliche Kuhlen, sogenannte Suhlen. Jetzt beginnt die „Feinarbeit": Wer findet in unmittelbarer Nähe die „Malbäume" – schlammverkrustete Stellen an Stämmen und Stümpfen, an denen sich die Schwarzkittel genüsslich nach ihrem Bad reiben? Aufgepasst: Wer entdeckt als Erster Schweineborsten daran? Die wandern natürlich sofort in unsere Beweissammlung – für spätere genauere Begutachtung! Die Höhe der Schlammspuren am „Kratz-Baum" sagt uns auch, wie groß der Besucher gewesen sein muss. Ausgewachsene Keiler in unseren Wäldern können stattliche 95 cm Schulterhöhe erreichen. Weibchen sind in der Regel kleiner.

Beweismittel Nahrungssuche: Die großflächigen Wühlspuren von Wildschweinen sind unübersehbar! Von ständigem Hunger angetrieben orten sie mit ihrem feinen Geruchssinn im Boden überwinternde Insektenlarven und Mäusenester auf und bohren dabei zuweilen richtig tiefe Löcher. Hier ist die Schlussfolgerung nicht schwer!

Von wem stammen aber auffällige Nagespuren an kleinen Bäumchen?

Schräg abgebissene Zweigenden sind der sichere Beweis für Reh und Hase.

Welcher Waldbewohner hat die Fichtenzapfen abgenagt? Die sollten wir mal genauer unter die Lupe nehmen! Nahe liegend: Hier hat sich ein Eichhörnchen verköstigt. Sind jedoch die Fraßspuren feiner, war vermutlich eine Maus am Werk. Befinden sich noch die Zapfenschuppen an der Spindel, standen die Zapfen wohl auf dem Speisezettel von Kreuzschnäbeln oder Buntspechten. Dafür spricht dann auch ein weiteres Indiz: Finden wir eine große Zahl von leer gehackten Zapfen (siehe S. 154, 155) unter einem Laubbaum, sind wir auf eine sogenannte Spechtschmiede des Buntspechts gestoßen. Tolles Sammel-Material für unsere Beweisaufnahme! Vielleicht können wir ja zum Abschluss noch die auffälligen Hackspuren des Schwarzspechtes an Baumstümpfen und morschen Bäumen entdecken?

Eichhörnchen hinterlassen auffällige Fraßspuren.

Am Ende unserer Winterexpedition tragen wir all unsere Beweisstücke zusammen und erstellen vielleicht sogar eine Liste mit den Tieren, denen wir „auf der Spur" waren. Da kommt ganz schön was zusammen! Die Mitbringsel lassen sich mit den Fotos wunderbar in einer eigenen Sammlung – natürlich beschriftet – präsentieren.

Vertiefend, davor und danach: Tierbeobachtungen in Wildparks, Zoos oder Gehegezonen von Nationalparks: Selbst, wenn wir Kleiber oder Buntspecht im Winterwald erspäht haben, sind die meisten Tiere doch meist weit entfernt. Oft sind es nur flüchtige Begegnungen. Ein Ausflug zu einer der genannten Einrichtungen bereitet unsere Waldexpedition gut vor oder vertieft die Eindrücke zusätzlich durch hautnahes Erleben. Dort sind die Tiere wesentlich zutraulicher und lassen sich aus nächster Nähe beobachten. Ideal ist eine Kombination von Streifzügen durch den Wald und einem Besuch im Gehege, weil sich dort die Tiere aus nächster Nähe beobachten lassen. So entsteht ein umfassendes Bild unserer heimischen Natur.

In den Wäldern sind Dinge,
über die nachzudenken,
man jahrelang
im Moos liegen könnte.

Franz Kafka

Autorenportrait

Norbert Wimmer wurde 1963 in Niederbayern auf einem Bauernhof geboren. Schon als Kind war er von der Natur um seinen Heimatort begeistert. In der nahen Flussaue beobachtete er Eisvögel, Kiebitze und Brachvögel. Bald erwachte der Wunsch, diese Tiere auch zu fotografieren. Mit dreizehn Jahren kaufte er sich seine erste Kamera – seitdem sollten noch viele folgen …

Schon sehr bald war ihm klar, dass er einen Beruf in der Natur ausüben wollte. Er entschied sich für ein Studium der Forstwirtschaft, da für ihn dieser Beruf die ideale Kombination von Natur schützen und Natur nutzen darstellt. Nebenher blieb er, wann immer es seine Zeit zuließ, der Naturfotografie verbunden. Sie hilft ihm, das Ökosystem Wald noch einmal mit ganz anderen Augen zu sehen. Nachdem Norbert Wimmer mit seiner Frau für zwei Jahre im zentralafrikanischen Ruanda für den Deutschen Entwicklungsdienst gearbeitet hatte, übernahm er die Forstdienststelle Bad Rodach, die er nun seit 16 Jahren leitet. In den sehr naturnah erhaltenen Wälder um die kleine Stadt in Oberfranken findet er seither auch seine Fotomotive. Hin und wieder besucht er die großen Wildnisgebiete dieser Welt: den tropischen Regenwald, die Taiga oder den Himalaja, um dort zu fotografieren. Er ist Verfasser zahlreicher Naturbeiträge und Reisereportagen für verschiedenste Zeitschriften, eines Bildbandes sowie des JAKO-O Natur-Spaßbuches „Natur erforschen und erleben". Mit seinen Veröffentlichungen versucht er, die Schönheit und die Faszination unserer heimischen Natur einem breiten Publikum nahezubringen. Besonders ist ihm daran gelegen, Kinder und Jugendliche für dieses Thema zu sensibilisieren. Norbert Wimmer ist Vater von zwei Töchtern und einem Sohn.

Weitere Artikel von JAKO-O:

Ein wirklich nützlicher Naturführer für die ganze Familie:

Das JAKO-O Natur-Spass-Buch

Kinder zu einem Spaziergang zu überreden, ist gar nicht so leicht. Dabei kann es so viel Spaß bereiten, die Natur zu erkunden. Man muss nur wissen, wie man aus einem gewöhnlichen Spaziergang eine spannende Exkursion macht.

So entstand die Idee, ein JAKO-O Natur-Spaß-Buch herauszugeben, mit dem garantiert jeder Ausflug ins Grüne zu einem richtigen Familienabenteuer wird. Ob im Frühjahr oder im Winter, bei Tag oder bei Nacht. Das Buch gibt eine Menge Anregungen, die selbst eingefleischte Stubenhocker aus dem Haus ziehen werden.

Wer die Natur erforscht, hat natürlich auch Fragen. Kinder wollen alles sehr genau wissen. – In unserem Naturbuch gibt's die Antworten. Damit werden Sie Ihre Kinder begeistern!

130 Seiten informativer Hauptteil mit Unternehmungstipps + 30 Seiten Anregungen für Familienabenteuer. Taschenbuch 12 x 18 cm..

655-239   Natur-Spaß-Buch   € 7,90

Der Wald ist ein ganz großes Abenteuer!

Abenteuer + Experimente + Spielen = Lernen

Die Lern-Software lädt neugierige Kinder ab 5 Jahren ein, den Wald und seine Bewohner genauer unter die Lupe zu nehmen.

Viele Sprach- & Filmsequenzen, Zeichnungen, Fotos, Tierstimmen und Waldgeräusche machen die Wunder des Waldes auch für Noch-Nicht-Leser interessant. Die Lern-Software vermittelt Wissen tiefgreifend und spannend – der reinste "Natur-Krimi"!

Kompetente Lerninhalte kindgerecht vermitteln

Ein wertvolles, unvergessliches Abenteuer, von dem Kinder ein Leben lang profitieren. Nur wer aktiv mitmacht, wird mit unzähligen Waldgeheimnissen belohnt. Die Welt aus erster – nicht aus zweiter Hand! Unsere Software ist der nötige Anstoß, der Schubser nach draußen...

679-809   CD-ROM JAKO-O Wald-Abenteuer   € 14,90

Der Katalog für ausgewählte Kindersachen
96475 Bad Rodach
www.jako-o.de

Alle Informationen in diesem Buch sind vom Autor mit größter Sorgfalt gesammelt und vom Lektorat gewissenhaft bearbeitet und überprüft worden. Da inhaltliche und sachliche Fehler nicht ausgeschlossen werden können, erklärt der Verlag, dass alle Angaben im Sinne der Produkthaftung ohne Garantie erfolgen und dass Verlag wie Autor keinerlei Verantwortung und Haftung für inhaltliche und sachliche Fehler übernehmen.

Das Werk einschließlich aller seiner Teile ist urheberrechtlich geschützt. Jede Verwertung außerhalb der engen Grenzen des Urheberrechtes ist ohne Zustimmung des Verlages unzulässig und strafbar. Das gilt insbesondere für Vervielfältigungen, Übersetzungen, Mikroverfilmungen und die Einspeicherung und Verarbeitung in elektronischen Systemen.

Wir freuen uns über Kritik, Kommentare und Verbesserungsvorschläge.

Fotonachweis:
Alle Fotos vom Verfasser mit Ausnahme von:
Peter Beerbaum: S. 72, 93; Heiko Bellmann: S. 68, 106 li, 111, 114, 124 re, 125, 132, 143, Kopfleiste Sommer; Oliver Giel: S. 156; Frank Hecker: S. 135; Dietmar Nill: S. 78, 80, 81, 144; Hans Reinhard: S. 77, 162; Rudolf Schmidt: S. 157;

Schlafende Haselmaus

Das JAKO-O Waldbuch
1. Auflage Mai 2007
® 2007 JAKO-O-GmbH
Alle Rechte vorbehalten

Idee und Konzept: Norbert Wimmer
Autor und Fotos: Norbert Wimmer
Grafik: Martin Reindl und Martina Schneider-Heimrich
Illustrationen für Expeditionen: Manuela Schüller
Redaktionelles Lektorat: Imke Benz
Endlektorat: Sigrid Strauß-Morawitzky
Druck: sachsendruck GmbH, Plauen

ISBN 3-939776-09-2
ISBN 978-3-939776-09-3